❀ 世界第一可愛！

我家的貓咪

調教與飼養法

「貓咪博物館」館長
今泉忠明

ELMS PET CLINIC院長
早田由貴子
監修

福田豐文
攝影

中華民國獸醫師公會全國聯合會
理事長 **江世明**
中文版審定

彭春美
譯

我家的貓咪是世界第一

我家的貓咪
淘氣又不聽話，
但卻讓人
無法討厭牠。

我家的貓咪雖然
照顧起來很費工夫，
卻比任何貓咪
都要可愛。

雖然可愛的貓咪有很多，

不過‥‥‥

還是我家
的貓咪
最可愛！

CONTENTS

PART 1　迎接貓咪進我家

PART 2 讓貓咪和飼主都舒適地生活

PART 3 來和貓咪溝通吧！

像這種時候，牠在想些什麼呢？

PART 4 知道了更有趣！貓咪雜學

PART 5 注意貓咪的疾病・受傷

迎接貓咪
進我家

當你「想要養隻貓咪！」時，
首先就要了解牠。
貓咪的能力、成長的方式、照顧的方法、
要觀察哪些重點來加以選擇等等，
先了解後再來飼養是非常重要的。

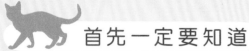

貓是什麼樣的動物？

說到貓，你浮現腦海的印象是什麼呢？老是在睡覺的動物？愛玩耍的動物？
任性的動物？這些雖然都是正確答案，不過都是有原因的。
想要充分了解貓，就先來認識貓是什麼樣的動物吧！

貓的祖先是
住在沙漠的利比亞山貓

　　所有貓的祖先都是生活在非洲沙漠地帶的利比亞山貓。一般認為，原本過著野生生活的利比亞山貓，約在1萬年前為人類所飼養，之後就逐漸演變成現在的家貓。

　　利比亞山貓是獨居在沙漠中的動物。白天炎熱的時候，牠們大多會待在岩石的陰涼處或地洞中睡覺，直到涼爽的傍晚才會起來外出狩獵。主要的獵物是像老鼠或小鳥之類的小動物。

　　貓的行動和性格，全都來自於其祖先的習性。

逗貓棒是任何貓咪都喜愛的玩具！牠們會把它視為獵物，飛撲過去。

仍然保有大部分野生習性的貓。
只要知道原因，就能理解牠

　　過去曾為利比亞山貓的習性，現在仍然大部分殘留在貓身上。例如夜行性，就是因為在涼爽的夜間狩獵比在暑熱的白天更有效率的關係。貓在夜間突然興奮地開始四處走動，就是因為夜行性所導致的；至於老是在睡覺，則是因為除了狩獵時間之外，必須要以睡眠來保存體力之故。除此之外，貓也有如右頁的特徵。想要了解貓，這些最好都要預先知道。

不能只因為「很可愛」就飼養。任何動物都要在充分了解之後再飼養，這一點是非常重要的。

了解貓咪的重點

在此將貓的習性和性格重點大致分成4項。請先好好加以確認，以免日後才說「我不知道貓原來是這樣的動物」。

1 喜歡單獨行動

野生時獨自生活的貓，並不像狗一樣會集體行動，也不會聽從任何人的命令。還有，因為不以獨處為苦，對於經常不在家的人而言，可說是很容易飼養的寵物。

2 我行我素的性格

本來就不會配合其他人行動的貓，個性當然是我行我素。想玩就玩，想撒嬌就撒嬌，想睡覺就睡覺；當牠沒有意願的時候，就會表現出冷淡的態度。雖然被認為是欠缺協調性，但這就是貓的本色。這種自由任性正是牠的魅力所在。

4 喜歡乾淨

貓會自己把身體舔乾淨，也有些貓只要一有空就會整理被毛。如果是短毛種的話，就不需花費太多的工夫整理。

3 天生的獵人

原本是在沙漠中捕捉老鼠等維生的貓，到了現在還是非常喜歡狩獵。即使不是以吃為目的，仍然喜歡「狩獵」這種行為。牠們會捕捉蟲子來讓飼主嚇一跳，或是在狩獵遊戲中玩得渾然忘我。

貓的優異能力

貓咪的身體，潛藏著許多遠比人類優異的能力。
瞳孔可變化大小的神祕眼睛、豎立成三角形的大耳朵，
還有讓人不由得想觸摸的可愛蹠球，全都擁有優異的功能。

眼睛

大家都知道，貓的瞳孔能夠改變大小，可以變得圓圓的，或是變成細長形。這是因為牠正在調節進入瞳孔的光量。在明亮的地方，瞳孔會變細以減少光量，而在暗處時則會變大以吸收更多光量。即使在人類什麼都看不見的黑暗中，貓仍然可以看見東西。

鼻子

雖然不像狗那麼厲害，但貓的嗅覺還是很靈敏的，其敏銳度約為人類的20萬～30萬倍，實在令人驚訝。鼻子的表面濕濕的，是為了要捕捉氣味分子；就連氣溫也是用鼻子來感受的，可以說是尋找溫暖場所或涼爽場所的天才。

舌頭

當貓舔身體整理被毛時，舌頭表面粗糙的部分可以發揮如梳子般的作用，將脫落的被毛或髒東西清除乾淨。此外，貓對於酸味、臭味會敏感地反應，能夠自行判別腐敗的食物以避免食用。

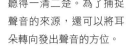

貓可以聽見連人類和狗都無法聽見的超音波音域。就連老鼠等小動物發出的微小聲音也能聽得一清二楚。為了捕捉聲音的來源，還可以將耳朵轉向發出聲音的方位。

鬍鬚

貓的鬍鬚根部聚集了大量的神經，只要鬍鬚一碰到東西，就能立刻敏感地察覺。也能夠感覺出風向等等。

貓的身體雖然嬌小，卻擁有絕佳的運動能力

除了感覺器官的敏銳性，貓的運動能力也非常出色。牠可以大幅跳躍到自己身體5倍高的高度，即使落下時四腳朝天，仍然能在空中改變身體的方向後著地，或是在狹窄處行走也能保持平衡等等，這些都是人類無論如何都無法模仿的。如此高度的運動能力，是只有以獵人的身分不斷進化而來的貓才擁有的。這些都是拜牠強韌的肌肉、柔軟度絕佳的身體，以及敏銳的反射神經所賜。貓咪雖小，卻擁有令人驚訝的能力。

在跳躍或是行走於狹窄處時，尾巴可以幫助取得平衡。

蹠球

柔軟的蹠球具有緩衝墊的作用，能夠不發出聲音地走路，在狩獵時悄悄地靠近獵物。也能敏感地察覺踩踏場所的狀態，即使在不穩定的場所也能走得很好。

了解貓的成長及一生

在開始養貓之前，你已經準備好要照顧牠一輩子了嗎？
作為家人的一員，也為了避免讓飼養方法流於不負責任，
先來知道貓的壽命有多長，以及牠是如何成長的吧！

從誕生到1歲
是迅速成長的「幼貓期」

　　剛出生時眼睛還沒有張開、非常無助的幼貓，要1個月後才能充滿活力地開始玩耍。幼貓期的成長極為顯著，會不斷地長大。對食物的好惡，還有是否能成為馴服於人的貓，一般認為都是取決於出生後3週到9週左右的「社會化期」。這個時候若能先讓幼貓習慣梳毛等整理工作，日後就會比較輕鬆。

1歲就已經
是大人了！

最愛
調皮搗蛋！

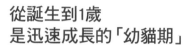

| 誕生 | 幼貓期 | 1歲 | 成貓 |

1歲到7歲
是成熟期間的「成貓期」

　　1歲就會長成成熟的身體，之後雖然年紀增加，外觀上卻沒有太大的變化。到7歲左右前的時期，是體力最充實的成貓期，也是最適合生產的時期。7歲過後就會開始逐漸老化，不過因為外觀上沒有太大的變化，所以必須要注意健康才行。

7歲以後就是「老貓期」。
會逐漸出現老化徵兆

　　老化開始出現的年齡依貓而異，大致來說，7歲以後就稱為老貓期。近來壽命已有延長，存活超過15年以上的貓並不少見，甚至也有活超過20年的貓。飼養前請好好地考慮是否能夠妥善照顧牠到最後吧！

雖然有了年紀，外觀卻沒有太大的改變。

換算成人類的年齡

大致上來說，貓的1歲可以換算成人類的18歲；之後，2歲的話就是22歲，3歲就是26歲，就像這樣，每1年就多4歲。10歲約當人類的54歲，15歲的話就是74歲。請記住，不管看起來多麼年輕，以人類的年齡來說，老貓約莫就是這個年紀了，所以平時就要注意健康喔！

期　　　　7歲　　　　老貓期

該選擇什麼樣的貓？

雖然全都稱為貓，卻有各種不同的種類。除了外觀上的差異外，
想要選擇自己喜歡的貓，還必須知道牠們各自的性格和特徵。
請將需要多少程度的照顧也列入考慮，想想看該選擇什麼樣的貓吧！

選擇自己喜愛
又適合飼養環境的貓

貓的性格會因為是公貓還是母貓、短毛種或長毛種等而有某程度的傾向。如果喜歡活潑的貓，可以選擇短毛種；喜歡沉穩的貓，就可以選擇長毛種。但是，性格會因不同個體而有很大的差異，也不乏有「明明是短毛種卻非常沉穩」的貓，所以只能作為大致標準來參考。此外，考慮照顧方法來選擇也很重要。長毛種的貓必須經常整理被毛，若是忙碌的人飼養起來就會很辛苦。除了個人喜好之外，選擇時也要考慮是否能夠做好整理工作。

🐾 體格比母貓大而健壯。

🐾 地盤意識強，經常和其他貓隻打架。

🐾 性格上大多為不怕生又淘氣、愛撒嬌的貓。

🐾 體格比公貓小，身體更為柔軟。

🐾 地盤意識比公貓弱，少見和其他貓隻的爭吵。

🐾 性格上大多冷靜而沉穩。

純種

🐾 在毛色和花紋上
有某程度固定的外觀。

🐾 可以知道各品種間有
某種程度的性格傾向。

🐾 不同品種有其容易罹患的疾病。

🐾 只能從寵物店或繁殖業者處獲得。

※ 各品種的外觀和性格請參考 P.30 ～
「世界的貓咪圖鑑」。

雜種

🐾 出生之前無法預知毛色和花紋，
也很常見奇特花紋的貓。

🐾 無法知道其性格傾向。

🐾 身體比較健康且容易飼養。

🐾 也可以從動保團體等處獲得。

長毛種

🐾 大多都是性格穩重
溫順的貓。

🐾 長毛容易糾結，
必須經常使用
梳子梳理。

🐾 代表性的純種
有波斯貓、
緬因貓等。

短毛種

🐾 大多都是活潑、動作靈敏的貓。

🐾 梳毛等整理工作比長毛種少。

🐾 代表性的純種有美國短毛貓、俄
羅斯藍貓、阿比西尼亞貓、暹邏
貓、孟加拉貓等。

要如何獲得呢？

獲得貓咪的方法有好幾種。如果願意飼養雜種貓的話，可以從動保團體或動物醫院等處領養；如果希望飼養純種貓，就必須向寵物店或繁殖業者購買。也要將費用等列入考慮後再來做決定。

寵物店 絕對不能「因為可愛」就衝動購買

寵物店裡各種不同品種的可愛小貓太多了，不知不覺就想衝動買下——這種心情是可以理解的，不過請稍等一下。「看對眼」雖然很重要，但是可以的話，最好不要只看一家，多走幾家後再做決定會比較好。此外，各品種的性格差異和清潔整理的必要性，還有該品種必須注意的疾病等等，也都要詳細研究後再來做決定吧！

繁殖業者 從想要飼養的純種貓中尋找喜歡的小貓

所謂的繁殖業者，就是進行純種貓繁殖的專家。每個繁殖業者所繁殖的品種都不一樣，所以只有當你已經決定好想要飼養的品種時，才建議用此方法。親自前往繁殖業者處，可以確認母貓和飼養環境的狀態，並從同胎幼貓中選擇喜歡的小貓。可以經由雜誌或是網路等管道尋找繁殖業者。

 **CHECK!** 優良寵物店 · 繁殖業者的分辨方法

☐ **整齊清潔的環境**
要檢查清掃是否徹底、有沒有惡臭等。如果飼養環境不乾淨的話，貓隻的健康管理應該也不會太過仔細。在狹窄的場所同時飼養好幾隻時也要注意。

☐ **工作人員的對應親切詳細**
在電話中能親切地對應，對於許多疑問也都能懇切詳盡地回答，就是可以信賴的業者。如果繁殖業者願意讓你好好地察看母貓和飼養環境，便能更加安心。

☐ **有確實的健康管理**
疫苗接種是健康管理的基本，請確認是否都已經完成了。如果讓顧客碰觸小貓時會先要求必須要消毒手部，也會將生病的貓隻隔離飼養時，就比較令人安心。

☐ **對待小貓非常細心**
不斷讓你抱小貓的店員，乍看之下很親切，其實卻是欠缺對小貓的關懷。請仔細觀察店員是否為不以買賣為優先，而是真正喜愛動物的人。

動保團體　來領養流浪貓吧！

全國各地都有從事流浪貓保護活動的志工團體，如果有意願，不妨前往領養。不過，大多都附有必須完全於室內飼養或是施行結紮手術等條件。此外，有小孩的家庭或是同居中的情侶可能無法領養。有時也需繳交施打疫苗的注射費或結紮手術費，以作為領養的費用。

以東京為據點，從事流浪貓保護活動的「東京貓咪保護者」的網頁（http://www.tokyocatguardian.org）。除此之外尚有許多保護團體，可上網查詢。

防疫所　親手拯救即將遭到安樂死的貓隻性命

被帶到防疫所的動物，數天後一定會安樂死。每年都有多到難以置信的貓隻受到處置，非常悲慘。尤其是在早春等生產季節，會有很多小貓會被帶到這裡。只要伸出你的手就可以拯救這些生命。不妨到附近的防疫所詢問看看。

動物醫院　有時會有徵求領養的公告

有時候院方會張貼徵求領養該動物醫院或附近人士所收容的貓隻的消息。如果是動物醫院介紹的，可以詢問醫師該貓隻的健康狀態，也比較容易獲得飼養方法的建議，可以讓人安心。有些動物醫院的網頁也會有徵求領養貓隻的訊息，不妨找找看。

撿到流浪貓時該怎麼辦？

首先要帶去動物醫院。因為就算外表看起來很健康，實際上卻可能帶有疾病或是寄生蟲。等檢查之後再帶回家吧！如果是成年的流浪貓，可能很難一下跟人親近，也可能要花費長久的時間才能習慣在室內的生活。請務必在了解這些情形後，才開始飼養。

健康貓咪的分辨方法

看起來健康的貓，也可能會帶有疾病或寄生蟲。
要選擇今後將成為家庭一員的貓，必須要好好確認牠的健康狀態。
各品種容易罹患的疾病也必須加以確認。

掌握貓咪的健康狀態後
再開始飼養

考慮到今後將長期生活在一起，當然要選擇健康的貓。請親手摸摸看，有不放心的地方就要提問。話說回來，並不是「有病的貓就不行」，最重要的是要確實掌握其健康狀態。如果有疾病，就要做好面對該疾病的準備，然後才開始飼養。只要具備對該疾病的知識，就可避免不必要的恐慌。

即使是同一隻母貓生的同胎幼貓，健康狀態還是各不相同。

CHECK!

先來預防寄生蟲吧！

作業確實的寵物店，也會進行寄生蟲的驅除；如果還沒有施行的話，在飼養前一定要先到動物醫院驅蟲。因為人也可能會受害。

🐾 跳蚤

寄生在貓的體表，會引起劇烈的搔癢和皮膚病。可以用藥物驅除。請參閱P.145「跳蚤過敏性皮膚炎」。

🐾 蜱蟎

有些蜱蟎會寄生在耳內和臉部周圍的皮膚上。可以用藥物驅除。請參閱P.145「疥癬症」、「耳疥蟲症」。

🐾 蛔蟲

寄生在體內，幼貓會發生下痢等症狀；也可能會傳染給人。可以用藥物驅除。請參閱P.147「蛔蟲症」。

🐾 心絲蟲

因為被蚊子叮咬而使得心絲蟲寄生於體內。可能會造成心臟機能低下而突然死亡。可以用藥物驅除。

健康檢查的重點

只隔著籠子看，作為健康檢查是不夠的。一定要請對方讓你摸摸看，以確認貓咪的健康狀態。抱著的時候。比外觀感覺還重的小貓才能健康地成長。

2 毛流

健康的貓被毛是有光澤的。被毛有禿塊的貓可能患有皮膚病。

3 耳朵

看看耳內，確認是否乾淨、有沒有惡臭？有黑色耳垢堆積的貓可能有耳疥蟲寄生。

4 鼻子

健康的貓醒著時鼻頭是濕潤的。另外也要確認是否有流鼻水。

5 嘴巴

確認牙齦是否緊實且呈現粉紅色。若為貧血的貓，用手指按壓牙齦時，會一直呈現泛白狀態而無法恢復。

1 眼睛

有眼屎或充血、瞬膜（眼瞼內側的白膜）一直露出來的貓很可能是生病了。

7 臀部

有肛門周圍髒污或是出現潰爛時，很可能是下痢或有寄生蟲的關係。

6 腳

健康的貓有粗壯結實的腳。讓牠走走看，檢查走路方式是否顯得怪異。

剛剛迎進家中時

對飼主和貓咪來說，第一天都是緊張興奮的。第一天迎進貓咪時，
有幾個重點要注意。第一天的相處，對於貓咪是否能夠早點習慣家裡，
以及日後飼主與貓咪之間的關係影響甚鉅，請務必要留意。

用點心思
儘量減少貓咪的不安

　　第一天到家的貓咪是充滿不安和緊張的。請多用點心思，儘量避免造成牠的負擔，好讓牠儘早習慣家裡。

　　要領回貓咪時，請帶著提籃前往，並請對方在提籃中放入牠使用過的毛巾之類沾有氣味的東西，這樣一來，即使在移動中也能讓牠覺得安心。領回的時段以上午為佳，好讓貓咪在夜晚來臨前能夠多多少少習慣新的住家。

　　回到家後，打開提籃的開口，等牠自己出來。如果是好奇心旺盛的貓咪，應該會立刻衝出來，開始在家中四處探索吧！但若是性格膽怯的貓咪，就有可能久久不出來，或是躲在櫥櫃後面等等。這時請勿強拉牠出來，否則會讓牠對你產生恐懼，還是要有耐心地等到牠自己出來為止。除此之外，也可參考右頁的重點。

需事先準備的用品

迎進貓咪前，最少要先準備好下列3種用品。除此之外，最好也能準備貓用的餐碗、籠子、磨爪器、項圈、玩具、貓用的趾甲剪和梳子等整理用品。

🐾 便盆

將貓砂放入容器中使用。有雙層式、站立式、全罩式等各種不同類型的貓便盆。不妨考慮貓咪的身體大小和使用習慣來加以選擇。

🐾 床鋪

讓貓咪放鬆的床鋪是必不可少的。在箱子或籃子裡放入毛巾等作為床鋪也可以。也有經過特殊加工，可調節溫度的床鋪等功能優異的商品。

🐾 提籃

領回貓咪或是要帶往動物醫院時的必需品。有布製品、背包型等各式各樣的提籃。

1　不要過度逗弄牠

貓咪剛來到家裡時，全家人內心的喜悅是可以理解的；但是不斷地撫摸牠或是好幾個人一直逗弄牠，對於第一天充滿不安的貓咪來說都是壓力。在牠尚未習慣家裡之前，請避免過度黏著牠或逗弄牠，讓牠隨興地走動吧！不要追著牠跑或是大聲騷擾牠，請安靜沉穩地行動吧！

膽小的貓咪要多花一些時間直到牠習慣為止。

2　事先取得沾有牠氣味的毛巾等物品

比起視覺，貓更習慣用嗅覺來判斷對手和場所。充滿陌生氣味的場所會令牠非常不安。為了減少牠的不安，不妨在帶貓回家前先取得牠使用過的毯子或毛巾等沾有牠氣味的東西。只要有一件帶有牠熟悉氣味的東西，貓咪就能夠安心。

將牠使用過的毯子或毛巾等鋪在床鋪上吧！

3　給予和以前相同的飲食

貓咪可能會不吃新口味的貓糧。即使想要更換成其他的貓糧，剛開始也請先給予和以前相同的東西，之後再將新的貓糧一點一點地混在以前的貓糧中給予，好讓牠逐漸習慣新口味。

以往都和兄弟姊妹一起用餐的貓咪，很可能會吃得太快。請減少一次的餵食量，少量少量地給予吧！

4　開始顯得坐立不安時，就帶牠去上廁所

當貓咪開始顯得坐立不安，就是想上廁所的徵兆。請輕輕抱起牠，將牠放到便盆中。最好使用和以前相同的貓砂。先放入牠以前使用過的、沾有牠氣味的貓砂，就能確實提高如廁的成功率。不妨先分一些牠用過的貓砂回來吧！

如廁的教養應該不會很困難。詳細請看P.48。

撿到幼貓時

剛出生的幼貓是非常無助的，就連想走路都沒辦法。
本來母貓應該要片刻不離地照顧牠才對，但是如果你撿到
沒有母貓照顧的幼貓時，就請代替母貓來照顧牠吧！

1 先帶到 動物醫院去

如果是流浪貓的幼貓，身上大多有某種疾病。首先
請帶去治療吧！如果置之不理的話，體力差的幼貓
很可能會死亡。跳蚤等寄生蟲的驅除也一定要在這
個時候進行。一旦將跳蚤帶進家中，繁殖後在驅除
時將會大費周章。請用藥物確實驅除後，再將幼貓
帶進屋子裡吧！此外，依照幼貓的發育狀態和疾病
的情況，飲食的給予等照顧方式也會有所不同，不
妨請教獸醫師該如何照顧。在幼貓長大之前，最好
能定期前往獸醫師處，以獲得飼養方面的建議。

公貓・母貓的分辨方法

出生後約3個月左右，公貓的睪丸才會開始膨
脹，但是在這之前，幼貓在外觀上幾乎是沒有
差別的，很難分辨公母。唯一的分辨方法，就
是從肛門到生殖器膨起處的距離。公貓的距離
比母貓長，在右圖中，右邊是公貓，左邊是母貓。
也可以請獸醫師幫你分辨。

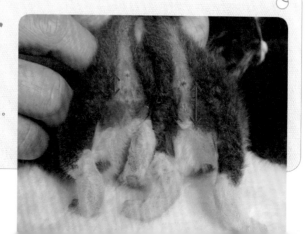

2 一天給予數次飲食

成貓一天只餵食一次也沒有關係，不過幼貓必須要頻繁餵食，飲食內容也要配合成長進行改變，請參考右邊的框文。生病時必須投與藥物（餵藥的方法請參考P.148～）。

3 輕輕刺激肛門，使其排泄

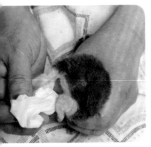

出生不久的幼貓無法自己排泄，所以母貓會舔牠的肛門，給予刺激，促使其排泄。人工照顧時，可用沾濕的面紙輕輕擦拭肛門和尿道口，給予刺激。這項作業要在用餐的前後進行。

4 每天量體重

如果是健康的幼貓，體重每天都會增加。體重如果沒有變化或是減輕時，就有可能是生病了。建議每天測量體重，以掌握其健康狀況。

飲食的變化

依照貓咪的成長情況不同，更換時期多少有些差異，不過還是先記住大致上的標準吧！

出生滿3週前　只給奶水

每隔2～4個鐘頭餵食一次。將貓奶（牛奶可能會引起下痢，並不適合）溫熱到約如人體肌膚的溫度，倒入貓用哺乳瓶後讓牠飲用。即使已經開始給予斷奶食品了，也要持續地給予奶水。

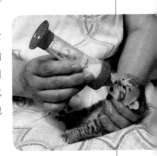

出生4週後　斷奶食品

斷奶食品是營養滿分又容易食用的糊狀食物，一天約給予3次。剛開始先用湯匙等只給予一口的分量，確認沒有腹瀉後，再一點一點地增加分量。等幼貓習慣後，就盛在盤子裡給予。

出生9週後　幼貓用貓糧

約從出生後第9週開始，就可以吃乾貓糧了。剛開始先用奶水泡脹，或是摻入少許斷奶食品，好讓幼貓習慣口味。請挑選幼貓用貓糧為佳。

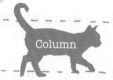

來看小貓的成長！

（剛出生時）　（出生後第11天）

眼睛還沒有張開，也無法用腳站立。體重僅100g左右。出生後馬上會憑氣味尋找母貓的乳頭，開始喝奶。幼貓最初所喝的奶水稱為「初乳」，含有可抵抗病原體的抗體，能夠保護幼貓遠離疾病。

出生後約1個禮拜左右就會開眼，但還無法看得很清楚。雖然已經稍微會爬動了，不過有大半時間還是在睡覺。每天都會大量吸食母貓的奶水，一天約增加10～20g的體重。

臍帶

剛出生的幼貓會被胎盤所包覆，並連著臍帶。母貓會舔舐並剝開胎盤，咬斷臍帶。

一胎所生的隻數平均約為4隻。在出生後滿9週之前，請儘量讓幼貓和母貓一起度過。

我會一直
長大嘍！

（ 出生後第21天 ）　（ 出生後第48天 ）

眼睛和耳朵的感覺機能開始運作，對周圍的事物逐漸顯現出興趣。耳朵挺立，臉龐也開始變得像貓了。腳部開始變得健壯，會東倒西歪地走路，兄弟姊妹也會互相鬧著玩。乳牙也開始一點一點地生長。

1個月後就能走得很穩了，幼貓們會活潑地玩在一起，對各種東西都會充滿興趣地靠近。這個時候的體重大約500g左右。一直到出生後第9週為止，是習慣各種事物的時期，這個時候的經驗對日後會有強烈的影響。

比較
大小

👁 剛出生時

👁 出生後第21天

像這樣並排來看，幼貓的大小差異就一目瞭然了！左邊的照片是毫不費力叼著幼貓走的母貓，但20天後的右邊照片似乎就有些沉重了，因為幼貓是以爆發性的速度不斷長大的。剛出生時約100g的體重，在出生後3個月會超過1kg，4個月時則會超過2kg。

迎進第2隻貓時

要迎進新的貓以作為同居貓時，必須注意挑選方法和
讓牠們見面的方式，以免和第1隻貓打架。
別忘了貓是地盤意識強烈的動物，要慎重地進行哦！

1 設立試養期間

如右頁所示，就算性別和年齡上有某程度的適合，
但是實際上是否合得來，還是要等到讓牠們見面後
才會知道。如果是朋友分送的貓，最好請朋友給你
1～2個禮拜的時間，作為觀察貓咪們彼此狀況的「
試養期間」會比較安心。如果只是偶爾爭吵的程度
還不用擔心，但若是不斷打架等無法好好相處時，
就必須把貓送回，請朋友尋找其他的領養人。如果
是在不能有試養期間的寵物店等購買時，就必須要
有萬一貓咪彼此處不來，就要在不同房間裡繼續飼
養等的覺悟。

2 避免讓牠們突然見面

請勿讓牠們突然見面。貓對於突然出現的對方會感
到驚恐，很容易發生爭吵。請循序讓牠們見面吧！
先將第2隻貓放進提籃或籠子中，再讓第1隻貓與
其碰面。如此一來，就算想打架也可免於受傷。將
第2隻貓暫時只飼養在較寬廣的籠子裡
也是很好的辦法。如果看起來沒問題
了，就可以試著把第2隻貓放到外
面來。

3 比以前更加疼愛原來的貓

據說人類也是這樣，當老二出生時，老大就會「回
復嬰兒期」；貓咪也是一樣。第1隻貓會因為第2隻
貓的出現而感到困惑，不知道今後的生活將如何展
開而覺得不安。雖然很容易將心思放到新來的第2
隻貓身上，不過若只疼愛新來的貓，原來的貓就會
感覺到壓力。最好比
以前更加疼愛第1隻
貓，好讓牠安心。

選擇第2隻貓時要注意彼此的組合

在此介紹以性別和年齡來判定的適合度大致標準。只是凡事都有例外，
請記住，貓咪彼此的性格是否合得來才是最重要的。

容易相處融洽的組合

🐾 小貓和小貓

小貓的警戒心較低，是最容易相處融洽的組合，彼
此可以成為很好的遊戲對象。就連必須注意的公貓
和公貓的組合，如果彼此都是小貓
的話，也不需要太過擔
心。一開始就飼養2隻
同胎的小貓，也是個好
方法。

🐾 成貓和小貓

對象如果是小貓，成貓通常不太會警戒。藉由和
小貓一起玩，可以增加成貓的運動量，對於有點
肥胖的成貓來說，也能帶來好的影響。但是，如
果一味疼愛小貓的
話，會讓成貓出現
壓力，最好注意一
下。

🐾 公貓和母貓

雖然公貓們彼此會將對方視為「敵人」，但如果是
異性的話，就不太會感覺到敵對心理。有時甚至會
出現公貓喜歡母貓而糾纏不休的情況。只是，如果
不考慮繁殖時，2隻都必須施行結紮手術。沒有意
願的母貓如果被公貓死纏爛打時，最後很可能會讓
感情變差。

🐾 母貓和母貓

地盤意識不像公貓那麼強烈的母貓，對於和其他貓咪
相處這件事，通常不會有太強烈的抵抗感。即使互相
看不順眼，也少見激烈的打鬥，彼此大多能互不相干
地冷靜度過。別忘了要平等地關愛牠們喔！

必須注意的組合

🐾 公貓和公貓

基本上，公貓的地盤意識強烈，會將對方視為「敵
人」，互相競爭。如果都是小貓，或者是成貓和小
貓的話，問題還不大；但若同是尚未去勢的成年公
貓，就必須注意。大小爭鬥不斷，讓家中瀰漫著肅
殺的緊張氣氛……這種情形也可能會發生。如果真
的沒有辦法好好相處，不妨考慮徵求其他的飼主。

🐾 老貓和小貓

體力衰退的老貓，比較無法順利適應因為第2隻貓
出現所帶來的環境變化，而會感覺到壓力。
尤其是充滿好奇心的小貓，糾纏不休可能
會讓老貓疲憊不堪。

世界的貓咪圖鑑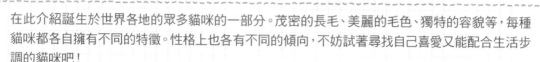

在此介紹誕生於世界各地的眾多貓咪的一部分。茂密的長毛、美麗的毛色、獨特的容貌等,每種貓咪都各自擁有不同的特徵。性格上也各有不同的傾向,不妨試著尋找自己喜愛又能配合生活步調的貓咪吧!

美國短毛貓

原產國	美國
體　格	骨架粗壯結實、肌肉發達。圓頭。
性　格	愛撒嬌、溫和穩重。不怕生。
特　徵	原本在美國是飼養來捕捉老鼠的。強而有力,運動量也大,被稱為「作業貓」。在性格上,和人類很容易建立伙伴關係,即便是初次飼養者也是很容易飼養的品種。

黑色的美短?

如右圖般,「銀色的毛色,側腹有黑色的渦形花紋」是一般人對美國短毛貓的印象。但其實牠的毛色和花紋並不只有這樣而已,而是有70種以上的變化,也有全黑、全白和雜色的花紋。

蘇格蘭摺耳貓

原產國	英國
體　格	渾圓的身體，肌肉發達。
性　格	溫和、非常可愛。
特　徵	特徵是垂耳、圓臉、柔軟的被毛和粗粗的尾巴，是很受人喜愛的品種。有晶亮的大眼和渾圓的體型，動作沉穩，運動量也較小。性情溫和，也適合多隻飼養。

為什麼耳朵是下垂的？

在英國蘇格蘭地區的農家，誕生了一隻耳朵突變而向前方彎摺的母貓。這隻貓又生出耳朵摺的母貓……就像這樣，產生了這種有顯性基因的耳朵特色的品種。

俄羅斯的寶石？

被稱為「俄羅斯寶石」的俄羅斯藍貓。有個俄羅斯的民間傳說是「有7位妖精來到剛出生的公主面前，要一一送給她勇氣、忠誠、美麗等禮物，但因妖精們都太年輕且不夠熟練，所以不小心把一切都給了在旁邊的貓。」而據說在此情況下誕生的就是俄羅斯藍貓。

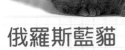

俄羅斯藍貓

原產國	俄羅斯
體　格	苗條的身體。
性　格	具有野性氣息，但又安靜而內向。
特　徵	藍色（灰色）的被毛帶有光澤，觸感柔軟。個性溫順，對環境的變化較為敏感；對飼主很忠誠，但也有對陌生人顯現警戒心的一面。不太會叫，因此也很適合在公寓中飼養。

阿比西尼亞貓

原產國	衣索匹亞
體　格	苗條的體型，四肢細長。
性　格	好奇心旺盛又愛撒嬌，但有點神經質。
特　徵	最古老的品種之一。每根毛都有2～3色的深淺，毛色會隨著光線和貓咪的動作而微妙地產生變化，非常有魅力。個性活潑，所以請確保有能讓牠充分運動的空間。

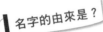

名字的由來是？

阿比西尼亞貓是因為誕生在阿比西尼亞（現在的衣索匹亞）而命名的；而阿比西尼亞貓突變所產生的索馬利貓，雖然是誕生於英國，但卻是以阿比西尼亞的鄰國索馬利亞來命名，以表示其「有如阿比西尼亞貓的親戚」。

索馬利貓

原產國	英國
體　格	體格結實，肌肉發達。
性　格	溫和而活潑。也有神經質的一面。
特　徵	阿比西尼亞貓的長毛型。以中等長度的柔軟被毛和蓬鬆濃密的尾巴為其特徵，除此之外和阿比西尼亞貓幾乎相同。好奇心旺盛，個性活潑，請讓牠充分地玩耍。

布偶貓

原產國	美國
體　格	可達10kg的大型貓。
性　格	順從而寬容，容易與人親近。
特　徵	因為不會討厭被人抱著，有如布偶（rag doll）般可愛而得此名。公貓最大可長到10kg。性格溫順，幾乎不見在屋子裡到處亂跑的情形，是容易飼養的品種。

世界最大級的大小？

布偶貓和緬因貓都是世界最大級的大型貓，有些個體的體重甚至可達10kg以上的。不過，布偶貓的魅力是有如布偶般的可愛，緬因貓的魅力則是充滿野性氣息的狂野，兩者之間的特色就是最大的不同。

緬因貓

原產國	美國
體　格	為大型貓，軀體較長。
性　格	穩靜，不會為稍微的事情而膽怯。
特　徵	這是在美國緬因州自然誕生的品種。因為要在嚴寒中討生活，所以擁有可耐寒冷的豐厚被毛和強健的身體。一般的貓通常出生後1年就會停止成長，但緬因貓則會持續成長2～3年。

異國
短毛貓

原產國	英國
體　格	矮胖的身體、扁臉。
性　格	穩重而愛玩。
特　徵	是由波斯貓和美國短毛貓交配而產生的。魅力點是其大而圓的頭、小小的耳朵、塌陷的短鼻和大大的眼睛，模樣非常可愛。毛色變化很豐富。

短毛的波斯貓？

波斯貓的長被毛非常美麗，但要維持這樣的美麗，每天的整理是不可欠缺的。而異國短毛貓就是在「希望有不需費心整理的波斯貓」的要求下所誕生的。

波斯貓

原產國	阿富汗
體　格	軀幹和四肢都很短，沉重而有分量。
性　格	溫和且安靜。
特　徵	在19世紀的維多利亞時代，廣受歐洲貴族歡迎的歷史悠久的品種。有如絲綢般的光滑長毛，毛色和花紋有超過30種的變化。性格穩重，對飼主很順從。

塞爾凱克捲毛貓

原產國	美國
體　格	身體肌肉發達而結實。
性　格	愛撒嬌、溫和穩重。不怕生。
特　徵	蓬鬆捲曲的長被毛有如天鵝絨一般，豐厚而有分量。剛出生時即為捲毛，但在出生後約6個月左右會一度掉毛，到了8～10個月時才又長齊厚厚的捲毛。性格沉穩，是擁有眾多愛好者的品種。

受人喜愛的「MIKE」！

在美國備受喜愛的日本短尾貓，又以具有白、黑、褐3種毛色的三色貓最有人氣。據說其受歡迎的程度已經到了直接以日語的「MIKE（三毛）」來稱呼牠的地步。

「Rex」是什麼意思？

Rex在遺傳用語上是指「捲毛」的意思。其他捲毛種的貓咪還有柯尼斯捲毛貓、德文捲毛貓等，全部都有被毛捲曲的特徵。

日本短尾貓

原產國	日本
體　格	肌肉結實而苗條，尾巴很短。
性　格	順從謹慎，忍耐力強。
特　徵	這是由深受日本的短尾貓吸引的美國育種者，將其帶回自己的國家後加以固定的品種。體型也從日本貓原本渾圓短胖的模樣改良成細長的身體。一般認為對環境的適應性高，是容易飼養的品種。

也有耳朵不外翻的貓！

剛出生時的耳朵是筆直的，出生後2～10天耳朵才會漸漸外翻。一般認為遺傳到外翻耳朵的機率是50％，因此也有耳朵不外翻的貓。

美國捲耳貓

原產國	美國
體　格	體型均衡的中型貓，肌肉結實。
性　格	溫順而愛撒嬌，天真可愛。
特　徵	因為突變而誕生的美國捲耳貓。從耳朵根部到3分之1處有軟骨，末端則朝後頭部中央外翻為其特徵。如絲綢般的被毛非常可愛，是聰明而容易教養的品種。

「E.T」的靈感來源

斯芬克斯貓是史蒂芬史匹柏導演的著名電影「E.T」的原型，這件事非常有名。牠們的共通點是沒有鬍鬚，總之也就是外星人臉吧！?實際上，似乎經常被誤以為是狗。

斯芬克斯貓

原產國	加拿大
體　格	身形細長、肌肉結實。倒三角形臉。
性　格	好奇心旺盛、不怕生。
特　徵	這是由突變產生的無毛貓進行繁殖而固定下來的品種。皮膚濕潤而溫暖，身體的一部分有皺褶為其特徵。因為沒有被毛，必須進行溫度管理等照顧。

英國短毛貓

原產國	英國
體　格	中型到大型，健壯的體格。
性　格	聰明、安靜且溫和。
特　徵	最古老的品種之一。1950年代曾一度瀕臨滅絕，因為和波斯貓配種而得以復活，並以此為契機產生出豐富多彩的毛色。對環境的適應性高，叫聲溫和沉穩，是容易飼養的品種。

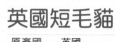

作業貓！？

大約從2000年前開始，就被農家等飼養來作為驅除老鼠的「作業貓」。或許正因為如此才有絕佳的運動神經！

密生的被毛……

為了保護自己免受挪威嚴寒的侵害而讓身體發生變化，演變成如現在般密生的豐厚被毛。想要保持美麗的毛流，最好每天梳毛。

挪威森林貓

原產國	挪威
體　格	大型、健壯、骨骼粗大。
性　格	聰明、溫順。
特　徵	由於原產國在極寒地區，因此兼具不畏寒冷的體力和健壯的體格。一直是挪威人當做妖精般珍愛的貓咪。體格雖然魁梧，動作卻很敏捷。

孟加拉貓

原 產 國	美國
體　格	中型到大型。軀幹較長，肌肉結實。
性　格	沉著穩重、不怕生。
特　徵	以美麗豹紋為其特色的孟加拉貓，是孟加拉山貓和家貓所產生的雜交種。性格雖然溫順，但是經常會叫，如果要飼養時，建議先做好隔音對策。

▌就像山貓一樣！？

為了追求孟加拉貓美麗的豹紋，人們從20世紀中期開始，就不斷挑戰將家貓和山貓進行交配，不過全都以失敗收場；一直到1983年才如願誕生了理想中的花紋。第一隻孟加拉貓的名字是「Millwood Finally Found」。

▌花紋始於偶然？

有著山貓般野生外觀的歐西貓，並不像孟加拉貓一樣混有野生的血統。牠的品種來源是讓暹邏貓和阿比西尼亞貓交配，並在偶然的情況下誕生了這種有斑點的貓。

歐西貓

原 產 國	美國
體　格	稍大型，結實健壯。
性　格	個性溫和，容易教養。
特　徵	由於外型和一種棲息於美洲大陸的山貓「豹貓（Ocelot）」相似，故得此名。性格則與外觀大相逕庭，是愛撒嬌的貓。

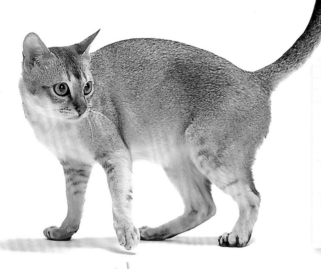

新加坡貓

原產國	新加坡
體　格	體型嬌小，肌肉結實。
性　格	乖巧安靜，但好奇心旺盛。
特　徵	由自古就棲息於新加坡、型似阿比西尼亞貓的貓所繁殖誕生的新加坡貓。即使是成貓，體重也不到3kg，是所有貓種中體型最小的。具有光澤的短毛非常美麗，個性隨和不怕生。

出身地是下水溝？

新加坡貓原本住在下水溝，被稱為「下水溝貓」；但在美國被繁殖後，卻在貓展中成為話題而進軍全世界！宛如灰姑娘一般的故事。

曼赤肯貓

原產國	美國
體　格	中型，結實健壯。
性　格	好奇心旺盛，活潑好動。
特　徵	擁有像臘腸狗般身長腿短的人氣品種。其祖先是1983年在美國的路易斯安那州發現的一隻因突變而讓腿變短的貓。前腳的長度從肩胛骨算起只有10cm左右。由於伸直後，後腳比前腳還長，所以會形成向前蹲曲般的姿勢。

貓咪跑車！

是運動量大的品種。因為採取低位置跑動的姿勢，所以也有「貓咪跑車」之稱。當初曾經被認為短腳有礙健康，但現在已經知道並非如此。不但能跳躍，爬樹也沒問題。

到貓咪咖啡店坐坐吧！

可以在此看到各式各樣的貓咪

貓咪咖啡店是可以讓人凝望自由自在生活的貓咪、和牠們一起玩耍等等，對愛貓人士而言不可多得的療癒空間。雖然覺得自家的貓咪最可愛，但偶爾和其他貓咪接觸也是樂事一件。由於每天照顧眾多貓咪的店內人員都擁有豐富的知識，因此也經常能聽到可作為參考的談話。此

外，因為店內擁有各種不同品種的貓咪，所以在決定飼養之前也可以到此試著尋找適合自己的貓種。

在本書中作為模特兒登場的，是貓咪咖啡店「貓之手」的小櫻。

遵守規定，
享受和貓咪的接觸的時光吧！

依店家的不同，規定也是五花八門。例如，有些店家會有「小學生以下禁止入店」等限制年齡的規定，這是為了保護貓咪安全而定的規則。不妨先在店家的網頁上進行確認，並且遵從店家的指示。

這次協助我們攝影的是……

貓咪咖啡店
「貓之手」

有各種不同品種的貓咪們相迎。也有貓咪美容和小貓販售等服務。
千葉縣柏市柏2-7-21
森田屋第三大樓5F
☎ 04-7168-8629
http://www.nekote.jp/

讓貓咪和飼主都舒適地生活

2

為了讓貓咪有健康快樂的生活，
正確的飲食和室內佈置、完備的如廁環境都是必需的。
此外，不妨也先來了解有哪些創意
可以讓飼主和貓咪生活得更舒適吧！

指導／早田由貴子

飲食的選擇和給予法

貓咪要有正確的飲食生活，必須由飼主幫牠做正確的管理。
如果沒有正確的管理，將來生病的風險就會提高。
請先記住適合貓咪的食物、分量、給予方法等飲食上的基礎知識吧！

了解貓咪必需的營養

　　貓和我們人類一樣，若不均衡攝取蛋白質、脂肪、碳水化合物等營養，就無法健康地生活。而人類和貓所必需的營養成分在比例上是不一樣的，如右圖所示。

　　此外，人類和狗都能在體內製造牛磺酸（牛膽素）和維生素A等營養成分，但貓卻無法自行製造，因此必須給予富含牛磺酸的食物。

必需營養成分的比例（三大營養素）

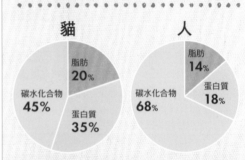

貓
- 脂肪 20%
- 碳水化合物 45%
- 蛋白質 35%

人
- 脂肪 14%
- 蛋白質 18%
- 碳水化合物 68%

貓所需的三大營養素的比例，和人類有很大的差異。屬於肉食性動物的貓，必須要攝取較多的蛋白質。

由於飼主很難親自烹調出均衡含有貓必需營養成分的食物，所以並不推薦。

營養不足非常危險。可能成為疾病的原因

　　有一種症狀稱為「牛磺酸缺乏症」。貓一旦缺乏牛磺酸，就有可能會發生眼睛障礙、心臟疾病等；除此之外，若是營養失調，也容易罹患各種疾病。貓糧是考慮到貓必需的營養均衡所製造的，所以給予貓糧可以說是對貓的健康而言最好的方法。

來認識貓糧的種類

貓糧以不同目的，共分成「綜合營養食」、零食之類的「點心」，以及以調整特定營養為目的的「其他目的食品」等3種。作為每天的飲食，必須給予「綜合營養食」，除此之外的食物都無法攝取到均衡的營養。此外，依含水量的不同，也可分成「乾糧」、「濕糧」等。

乾糧
所含水分大約只有10%的乾飼料。開封後可保存一段時間。

濕糧
富含水分的種類。開封後容易腐壞，應盡快食用完畢。

什麼是綜合營養食？

是指在營養的均衡上經過仔細調整，只要和新鮮的水一起給予，就能夠維持健康的食物。適合作為每日的飲食。

乾糧開封後的保存性高，最適合作為夏天或是外出時的預備食物。

CHECK! 購買貓糧的重點

在此介紹選擇適合貓咪的食物（綜合營養食）時的重點。

毛玉対策
原材料
CAT FOOD チキン
1kg
賞味期限
成猫用
20XX.X.X

機能

有「肥胖對策」、「毛球對策」、「牙垢對策」等，在熱量或是營養均衡上加以調整，以求達到各種不同的效果。請選擇適合愛貓的種類吧！

適用年齡

貓所需的熱量和營養量會依年齡而異。請確認「幼貓用」、「成貓用」等標示，選擇適合年齡的糧食。

原材料

依使用量多寡的順序標記。由於蛋白質是最重要的，所以標記在最上面的最好是肉類或魚類，而非穀物者。

內容量

隨著時間的經過，飼料會出現劣化、氧化等現象，所以請選擇開封後1個月內能夠吃完的量。

賞味期限

這是指在正確的保存狀態下，未開封保管時的保存期限。有的會標示製造年月日，儘量選擇新鮮的。

給予適合貓咪年齡
的適當飲食

　　由於必需的營養量等會依年齡而有所改變，最好給予適合貓咪年齡的食物。一般來說，1歲前給予幼貓用，1～7歲給予成貓用，7歲以上則要給予老貓用的貓糧。配合生命階段的適當飲食，可為貓咪帶來健康。

熱量請配合各貓咪
來進行調整

　　依照不同年齡，所需的熱量會有個大致標準（右表），但這終究只是大致標準而已。即使是同年齡的貓，必需的熱量也可能會不同。比起不太愛活動的貓，活潑愛玩的貓會消耗更多的能量，因此必需的熱量也會變多；還有，做過結紮手術的貓容易肥胖，所以熱量應該稍做節制。就像這樣，必需的熱量是依每隻貓咪而不同的，還是仔細考慮愛貓的性格和生活，詢問過獸醫師後，再來調整飲食量吧！

多隻飼養的家庭必須加以管理，以免出現大胃王和小鳥胃的貓。

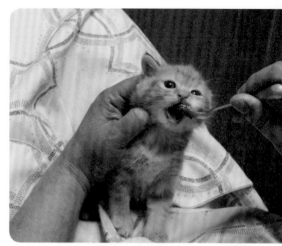

母貓的母奶、貓奶、斷奶食品、幼貓用貓糧等，尤其是在幼貓時期，飲食會在短期間內就有很大的變化。

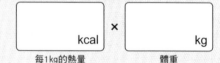

了解熱量的大致標準

每1kg體重
一日所需熱量的大致標準

僅作為參考數值。因為會依貓咪的性格和生活而異，所以請和獸醫師討論後再做決定。

幼貓（10週齡）‥‥‥‥‥‥250 kcal
活潑的成貓‥‥‥‥‥‥‥‥80 kcal
不活潑的成貓‥‥‥‥‥‥‥70 kcal

愛貓一日所需的
適當熱量計算

kcal	×	kg
每1kg的熱量		體重

= kcal	如果除了貓糧之外還有給予零食等時，也要將該熱量包含在內來考慮。
適當的熱量	

知道適合貓咪的
飲食次數

　　既然是和人類一起生活，飲食次數配合飼主的生活型態來決定即可。一天分為2～3次，可以減少胃腸的負擔固然不錯，但就算是一天只餵一次，若是少量地分多次食用的貓，也不會有問題；而對於經常吵著「肚子餓了」而索求食物的貓，只要減少一次的飲食量並增加次數即可。如果飼主對貓咪有求必應的話，將成為愛貓肥胖的原因。嚴守一天的總熱量是很重要的。請考慮貓咪的性格和飼主的生活型態來決定次數。

不可將新的食物
重疊放在吃剩的貓糧上

在殘餘的食物上追加新的食物，這在衛生上並不好。若是吃到殘留在下面的舊貓糧，也可能會影響身體健康。吃剩的食物請丟掉吧！還有，濕糧容易腐敗，所以開封後，請在數個鐘頭內食用完畢。

有些貓會因為特別準備的容器而變得願意多喝水。可以增加高度，或是使用不會碰觸到鬍鬚的容器，試著找出牠的喜愛吧！

不只是食物，
也要確認飲水量

　　讓貓喝水也是重要的飲食管理之一。吃濕糧的貓可以從食物中攝取水分，而吃乾糧的貓主要則是從飲水中來攝取的。貓一天所需的飲水量標準為每1kg體重約50～70ml（包括含於貓糧中的水分）。重要的是要經常準備新鮮的水，可以的話，不妨多準備幾個水碗。此外，突然變得大量飲水時，有可能是生病了。平常就要把握愛貓大約的飲水量，也有助於疾病的早期發現。

貓在吃過飯後一定會洗臉。一旦開始洗臉，就是「我吃飽了」的信號。

貓對廁所非常敏感

貓的如廁環境和健康有很大的關係。
如廁環境不好，會成為精神壓力和疾病的原因。
請創造一個不管對貓還是對人來說都很舒適的廁所環境吧！

貓是很在意廁所的動物！
髒污的便盆是不行的

　　貓是對氣味敏感、喜歡乾淨的動物。因此，保持清潔就是好廁所的第一條件。便盆如果被排泄物弄髒，有的貓可能就不上了；也可能會發生大小便失禁，或是憋住排泄行為而導致生病的情形。此外，身為肉食性動物的貓，其排泄物的氣味非常強烈，就算是為人著想，也必須要經常清掃。最低限度一天應清掃一次。在清除貓砂時，也別忘了要添加減少的貓砂分量哦！

經常打掃，讓愛貓舒適地如廁吧！

便盆清掃的基本

排泄物要清除乾淨

最好是在貓咪每次排泄完就加以清掃。如果外出的話，回來後就立刻清掃。

定期更換貓砂，洗淨便盆

貓砂要定期地全部更換，並將便盆清洗乾淨。

理想的便盆數量是貓隻數＋1

多隻飼養的家庭，便盆數以「貓隻數＋1」為理想。如果便盆的數量較少，地位較低的貓會警戒較為強勢的貓，可能會憋著不排泄；而且增加便盆，相對之下可以降低每個便盆的使用頻率，也較容易保持清潔。萬一不方便這樣做時，就要注意勤加清掃。

將便盆安置在
貓咪安心的場所

　　基本上，貓是不喜歡被別人看到排泄行為的動物。請將便盆設在不會被人看到、少有人通過的地方，讓牠能夠安靜地上廁所吧！請避免安置在貓的飲食處附近。此外，貓是討厭變化的動物。一旦決定好場所，就儘量避免變動吧！

要更換成不同的貓砂時

要更換成其他貓砂時，不要一下子全部更換，而是要在之前使用的貓砂中一點一點地加入新貓砂。如果貓使用起來似乎沒問題的話，再慢慢增加新貓砂的量。

有些貓上廁所時，只要有人注視著就不上了。還是讓牠安靜地上廁所吧！

廁所的選擇重點

廁所的選擇重點大致有2個，就是便盆和貓砂。因為種類豐富，請考慮飼主管理的便利性和愛貓的喜好來選擇。萬一牠不想使用時，請為牠準備其他的產品。

 便盆

便盆有開放式、站立式等各種種類，最好選擇愛貓容易跨進去的高度。尤其是幼貓，請選擇高度較低的便盆。

開放式
不會太深、易於清掃的標準型便盆。（Corole 貓便盆55）

站立式
腳踏部分可防止貓砂四處飛散，裡面為尿墊和貓砂的雙層式，除臭力也佳。（Catoile）

貓砂

貓砂有木製、紙製等各種種類。每種貓砂都各有特色，例如砂子不易飛散、可當做可燃垃圾處理、除臭效果高等等。請以貓咪的愛好為優先來選擇吧！

如廁教養
在剛開始時最重要

迎進貓咪後，請從第一天開始就進行如廁教養。貓有在固定場所排泄的習性，所以教養上比較簡單；如果能讓牠在同一場所排泄數次，教養就算完成了。當牠能夠好好地上廁所時，請溫和地稱讚牠。

此外，如果貓咪在剛開始時隨處大小便，就要立刻清掃該場所，以消除氣味，再將擦拭過小便的面紙等投入便盆中，讓便盆沾上牠的氣味，就能讓牠記住如廁的場所了。

什麼是噴尿行為？

貓一般是蹲著尿尿的，而所謂的噴尿行為就是站著朝向後面的牆壁等撒尿。這是為了要在勢力範圍內留下自己的氣味。當貓感到不安時，就會出現這個舉動；而這也是發情期的公貓常見的行為。想讓牠停止這種行為，只有施行結紮手術，或是為牠除去不安的原因。

讓貓學習上廁所

 1　不要漏看上廁所的信號

當貓到處走動嗅聞地板的氣味，或是開始搔抓地板時，就是想要上廁所的信號。注意不要漏看了。

 2　將牠放入便盆中

發現信號後，立刻輕柔地將牠放入便盆中。動作太粗暴的話，貓可能會變得討厭上廁所，請注意。

 3　反覆 1．2 的作業

反覆數次，讓貓學習上廁所。發現信號後就算來不及也沒關係，即使牠正在排泄中，還是要把牠放進便盆裡。

就算失敗
也不要斥責

當貓隨處大小便時，不可加以斥責。會隨處大小便，應該是有某些原因導致牠不想使用便盆的關係。請檢查便盆是否髒污？是否放置在吵鬧的地方？等等，重新檢視廁所環境。

還有，就算斥責牠隨處大小便，牠也不會知道這樣做哪裡錯了。牠可能會以為是排泄這件事惹飼主生氣，因而躲起來排泄，或是乾脆忍住不上而導致生病。也可能是因為疾病才會造成大小便失禁，所以不妨先到動物醫院檢查一次吧！

從如廁情況
來檢查貓的健康

　　貓的排泄物是健康與否的指針。請經常檢查排泄量、次數及狀態等,如果能察覺不尋常的差異,或許有助於疾病的早期發現。若是認為情況不對勁,請立刻帶往動物醫院。此外,排泄量和次數都有個體差異,想要掌握愛貓的健康狀態,平常就要仔細觀察牠的如廁狀態,畢竟能夠告訴獸醫師貓咪平日狀況的也只有飼主而已。

🐾 如廁時的檢查

☐ 排泄時會發出痛苦的聲音

☐ 長時間蹲在便盆裡

☐ 在便盆裡進進出出的

☐ 會在便盆之外的其他場所大小便

只要符合任何1項,就請帶往醫院檢查!

🐾 排泄物的檢查

☐ 沒有・少量・大量排出排泄物

☐ 排泄物的顏色和平常不同

☐ 軟便・硬便

☐ 排泄物中混雜血液

只要符合任何1項,就請帶往醫院檢查!

有效的貓咪如廁商品

🐾 除砂墊

鋪在便盆前,可除去沾附在貓咪腳上的砂子。(Corole 除貓砂墊)

🐾 寵物尿布

可讓尿液瞬時凝固成果凍狀。(PEPPY自有品牌寵物尿布)

🐾 附除臭劑 集便桶

附除臭劑,投入口為密封構造,可確實防止氣味的集便桶。(臭わんペール)

🐾 除臭噴劑

使用專用的除臭噴劑來杜絕氣味。(貓便盆專用天然成分除臭劑)

這樣的房間才理想

在室內飼養的貓，一整天都會在房間裡度過。
可以放個貓跳台或貓床鋪、調整好房間的溫度等，
為愛貓佈置個能夠健康舒適地生活的房間吧！

對貓來說，
上下運動是必須不可欠缺的

對於在室內生活的貓來說，必須注意的事情之一就是「避免運動不足」。除了飼主要使用玩具陪牠玩之外，也可以放置能夠爬上跳下的傢俱，讓牠即使獨自在家也能運動，以解決運動不足的問題。能夠到處跑動的空間也是必需的。貓喜歡高的地方，不妨在高處或溫暖的場所為牠準備床鋪等能夠放鬆休息的空間。

請採取避免會對左鄰右舍造成困擾的飼養方法。

有些東西對人來說沒有問題，
對貓來說卻充滿危險

要在室內養貓，有許多注意事項。電線等要收納在貓看不見的地方，以免牠咬著玩；萬一掉進有水的浴缸中就會溺水，所以要將水流掉，或是蓋上蓋子。不要放置觀葉植物等危險的東西（參照P.132～）也很重要。此外，在公寓飼養時，由於便盆放置在室內，要避免氣味散佈；在貓經常躍下的地方鋪上地毯等，以作為對樓下的隔音對策等等，諸如此類對左鄰右舍的考量也是不可欠缺的。

房間佈置的重點

 1 如廁和進餐的地方要分開

貓是不會在吃飯場所附近排泄的動物。請將進餐場所和廁所遠遠隔開吧！

 2 給貓咪舒適的溫度和濕度

貓是怕熱又怕冷的動物。請使用空調等幫牠調節溫度・濕度吧！

3 擺放能夠上下運動的用具或傢俱

準備貓跳台或是貓走道。也可將傢俱佈置成有高低落差的樣子。

 4 加裝貓門，自由度也 UP

如果能自由地來去各個房間，貓的行動範圍也會變大，更加提高自由度。

 5 床鋪要設在貓咪能放鬆休息的地方

在貓可以安心放鬆的溫暖場所設置床鋪吧！

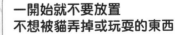

一開始就不要放置不想被貓弄掉或玩耍的東西

棚架上等貓可能會爬上去的地方，請不要放置不想被牠弄掉的東西。地板上也要避免放置會被貓吞下的小東西，萬一不小心，可能會在遊戲時不慎吞下去。

讓愛貓舒適地看家

要留愛貓獨自在家，心裡是否總覺得不安呢？
外出時不曉得牠會不會寂寞等，要擔心的事情也很多。
請記住讓貓咪看家時的基本事項，讓飼主和貓咪都能安心吧！

如果只是2天左右，基本上是沒有問題的

　　讓貓獨自看家，並不如人想像的那麼痛苦。貓本來就是單獨行動的動物，如果只是2天左右的時間，獨自度過是不會有問題的。牠並不像人一樣會有寂寞的感覺，應該會睡覺來度過一天大半的時間吧！只是，要讓貓獨自看家，前提還是要先做好準備。

短期間讓貓咪看家並沒有問題，不過在幼貓時期應該要避免。

🐾 讓貓看家 前 的檢查

☐ 廁所清掃乾淨了嗎？

☐ 糧食和水準備充分嗎？

☐ 已調成適合的室溫了嗎？

☐ 最近身體狀況是否有變差？

☐ 房間打掃乾淨了嗎？

🐾 讓貓看家 後 的檢查

☐ 排泄物和平常一樣嗎？

☐ 食物和水減少了嗎？

☐ 房間是否弄亂了？

☐ 樣子和外出前是否不同？

☐ 是否有其他察覺到的事項？

食物、水、便盆、室溫
就是讓貓看家的基本準備

請準備充足分量的食物和水。濕糧開封後容易腐壞，所以要放置乾糧；水碗可能會不小心被貓打翻，因此請多準備幾個。便盆要打掃乾淨，可以的話，最好另外再準備幾個；也可以只在讓貓看家時增加便盆的數量。此外，在寒暑對策上，寒冷時放條毯子，或在暑熱時安排個涼爽場所等，準備好可以讓貓自己選擇的場所也是很重要的。

超過3天以上不在家時，
就必須要請人來照顧

環境一改變，貓就會感覺到精神壓力；尤其是老貓和幼貓，最好讓牠待在平常生活的房間裡。不妨請平常就會來家中拜訪、愛貓也認識的友人前來照顧，或是拜託熟練照顧貓咪的寵物保姆。這時，建議你將平日所做的照顧寫在筆記上交給對方。體弱多病的貓不妨託給動物醫院，萬一身體狀況變差時才能安心。

拜託別人照顧貓咪時

請寵物保姆前來時，事前討論是最重要的。如果能先碰面，就能詳細告知對方平常的照顧方式。此外，也要確認對方是否為熟練照顧貓咪的人。動物醫院或寵物旅館也一樣，是否有貓咪專用的空間等，事前最好先去做檢查確認。

便利的貓咪看家商品

|  自動餵食器 | 自動飲水器 | 全自動貓便盆 | 家用網路攝影機 |

時間一到，蓋子就會旋轉，出現一餐份的食物。<PET DISH（PD-06）>

水一旦減少，就會從水箱中自動給水。<PET用自動飲水器>

清掃方面，如果是1隻成貓的話，2個禮拜清掃一次即可！<ScoopFree ULTRA>

可以從外面利用手機來確認愛貓的情況。<Home Network Camera（BL-C131）>

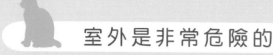

不要讓愛貓養成逃走的習慣

貓一旦知道外面的世界，就會變得不想待在家中。
也有貓偶然跑到室外後，就再也回不來了。
先來知道預防逃走的對策和萬一逃走時該怎麼辦吧！

對貓來說，外面充滿危險。
請務必在室內飼養

　　在室內養貓，是為了盡可能減少對貓的危險。除了可能會發生交通意外，和流浪貓接觸也可能會傳染疾病。

　　想要防止愛貓逃走，首先要注意的就是不要讓牠踏出家門一步。貓一旦知道外面的世界，就會變得很想出去外面；如果不讓牠去外面，就會變成精神壓力。因此，「不要讓牠知道外面的世界」是最重要的。

注意別讓愛貓
從陽台或玄關逃走

　　貓的兩大逃走路線就是玄關和陽台。讓愛貓在陽台曬太陽，對健康雖然有好處，卻有從陽台間隙或欄杆上等逃到外面的危險。此外，也可能趁玄關打開的時候逃出去，必須特別注意。有些貓會自己打開沒有上鎖的門或窗戶，所以對於任何會成為「出口」的場所，都要做好防止脫逃的對策才行。

預防
脫逃對策

即使是對外面世界似乎沒有興趣的貓咪，還是疏忽不得。請確實做好防止逃走的對策！

 在陽台覆蓋網子

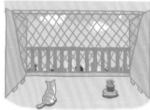

想要避免貓咪從陽台隙間或上方逃到外面，可以在內側覆蓋網子。

 隨手關門

隨手關門是基本中的基本。最好能在通往玄關的走廊上安裝折疊式的柵門，以避免貓咪通過。

當愛貓逃走時……

搜索附近一帶

愛貓一旦逃走，請即刻開始搜索。室內飼養的貓，因為外面世界並非自己的地盤，所以不會走得太遠；如果是在不見的4～5天內，很有可能還在附近。請找一找以自宅為中心的半徑500m以內的範圍。可帶著愛貓喜歡的東西或提籃前去尋找，也可以利用傳單或張貼啟事來徵求情報。

向防疫所聯絡

愛貓行蹤不明時要立刻打電話給防疫所。防疫所接受失蹤申報和保護申報，請申報失蹤。請詳細告知品種・年齡・性別・特徵等，一有情報進入防疫所，就會向飼主聯絡。有些人會在失蹤後一段時間才提出申報，不過時間越是拖遲，發現的時間就會越慢，所以請立刻提出申報。還有，愛貓如果回來了，也要確實聯絡防疫所。

發現貓咪時

好不容易發現愛貓，總會讓人不由得想跑過去，但是請先忍耐一下。貓在不熟悉的環境中，可能會變得神經質而逃走。不妨輕輕叫牠的名字，用牠喜歡的東西引誘牠過來。

若是撿到貓咪，可帶往動物醫院，檢查牠的健康狀態。

防止脫逃商品＆萬一逃走時有用的商品

🐾 貓用胸背帶

前往動物醫院時先戴上，可防止脫逃。<Handle Vest>

🐾 名牌

質輕堅固的不銹鋼製。採用文字不會消失的蝕刻加工。<stainless cute tag>

🐾 膠囊型名牌

裡面可放入寫有聯絡住址的紙。<SHAKE ID Capsule S Swallow>

🐾 微晶片

→讀取個體識別號碼的讀取機
↓微晶片

（2 mm × 13.5 mm）

裡頭記錄著世上唯一的個體識別號碼（15位數）。<Life Chip>

預防磨爪造成的破壞

貓咪雖然可愛，但傢俱和牆壁到處都是抓痕，還是很讓人傷腦筋。
不讓貓磨爪是不可能的，還是有效處理，
儘量減少貓磨爪所造成的破壞吧！

磨爪是貓的本能。
要讓牠停止是不可能的

　　貓為了殺死獵物或爬樹，本來就有將爪子磨尖的習性。磨爪也有做記號的含意在，就和吃飯、排泄一樣，都是貓的本能，要讓牠不做是不可能的。即使對正在磨爪的貓大聲斥責，牠也只會感到迷惑，不知道自己做錯了什麼。

用磨爪器讓貓磨爪，
定期修剪趾甲

　　請用磨爪器讓貓磨爪，而不是家裡的牆壁或傢俱。「可是我家的貓就算放置磨爪器，牠也不會在那裡磨爪子。」——像這樣的飼主我想應該也有不少，不妨參考右頁，多費一點心思看看吧！

　　此外，定期修剪趾甲也是必需的。在家中生活時並不需要銳利的趾甲，可能會鉤到布，或是弄傷他人，因此請參考P.58～59來進行修剪趾甲的作業。

貓爪的構造

貓爪是由好幾層薄層重疊而成的。貓會藉由磨爪來除去老舊的外層。正確地說，貓並不是在「磨」爪，而是在「剝」爪。不太磨爪的老貓等，可能會有爪層變厚，或是趾甲過長而刺入蹠球的情形，要注意。

用磨爪器讓貓咪磨爪

「即使準備了磨爪器，貓也不去磨爪。」——有這種困擾的飼主大概很多吧！不過，這樣就放棄還太早了！請參考下方，想想各種辦法來試試看吧！至於遭受磨爪破壞的牆壁和傢俱等，可用覆蓋塑膠布等方法來防止受到破壞。

1 尋找愛貓喜歡的磨爪器

瓦楞紙製、地毯製、木製、麻繩製等，有各種不同材質的磨爪器；而不同的貓「想要磨爪」的材質也不一樣。不妨先調查愛貓喜歡怎樣的材質吧！可以放置各種材質的磨爪器，看看牠的反應，或是參考愛貓平常磨爪處的材質。

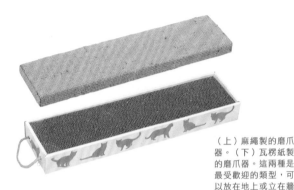

（上）麻繩製的磨爪器。（下）瓦楞紙製的磨爪器。這兩種是最受歡迎的類型，可以放在地上或立在牆上使用。

也有這種密技！

也可以將被貓磨過爪的窗簾或坐墊布纏捲在木板上，做成自製磨爪器。因為是貓喜歡的材質，加上沾有牠的氣味，使用機率應該很高。

木製的磨爪器。可以斜立使用（白楊木磨爪器）。

2 找出愛貓想要磨爪的場所

將磨爪器放在貓不喜歡的場所，牠是不會使用的。請找出愛貓想要磨爪的場所吧！大部分的貓一睡醒就會伸懶腰和磨爪，不妨將磨爪器放在牠從床鋪出來時，眼睛看得見的地方。還有，遭到磨爪破壞的牆壁和傢俱毫無疑問就是愛貓想要磨爪的地方，可於此處設置磨爪器，觀察一下情況。

3 撒上木天蓼粉等吸引興趣

將木天蓼粉撒在磨爪器上試試看。愛貓可能會因此而對磨爪器產生興趣，開始使用。除此之外，也可以輕輕握著牠的前腳，伸出趾甲來碰觸磨爪器，教牠「要在這裡磨爪哦！」只不過，強迫不想做的貓這樣做只會得到反效果。

修剪趾甲

即使愛貓肯用磨爪器磨爪，趾甲還是非常銳利。因為可能會傷到人，所以必須修剪趾甲。錯誤的修剪方法可能會造成趾甲破裂或是出血，請務必熟練正確的剪法。

 抱著貓咪讓牠放鬆

先讓貓咪放輕鬆。「接下來要剪趾甲了哦！」——如果飼主像這樣幹勁十足的話，會讓貓咪察覺和平常不同的氣氛而加以警戒。

 按住腳趾，露出趾甲

輕輕按住貓咪的趾尖，露出趾甲。用力按壓時，貓咪會因疼痛而抵抗，要注意。每一根都要用心地輕輕修剪。

對於不喜歡剪趾甲的貓

對於不喜歡修剪趾甲的貓咪，請參考P.80～，先從讓牠習慣被人觸摸、擁抱開始吧！真的很難進行的話，就以右邊介紹的方法來修剪趾甲。

用毛巾將身體整個包住

用浴巾等包裹貓咪的身體抱著。照片中是將頭露出來，但會害怕的貓咪可以連頭一起包住，就可以讓牠安靜下來。

使用貓用趾甲剪時

3 用圓形刀尖修剪趾尖

貓用趾甲剪是像剪刀般的形狀，刀尖呈圓形。打開趾甲剪放在貓咪的趾甲上，剪掉趾尖。使用貓用趾甲剪，不用擔心會造成趾甲斷裂。

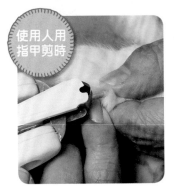
使用人用指甲剪時

3 從側面夾住來修剪

也可以使用人用指甲剪來修剪，不過需注意刀刃的放置法。像修剪人的指甲般從上下夾住修剪的話，會造成趾甲斷裂。請如照片所示，一定要從左右兩側夾住修剪。

CHECK!

注意趾甲剪刀刃剪入的地方

仔細觀察貓的趾甲，可以發現有透出粉紅色的部分。那是血液通過的地方，要是不小心剪到就會出血。貓的趾甲只要剪掉末端尖銳的部分即可，請參考下方插圖，避開血管地進行修剪。

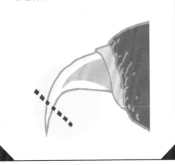

2 只露出一隻腳來修剪趾甲

包著貓咪的身體，一次露出一隻腳來修剪趾甲。貓咪只要被毛巾包著就會感到安心，會乖乖地讓你剪趾甲。即使是會抵抗的貓咪也無法隨心所欲地亂動。請儘快修剪完趾甲吧！

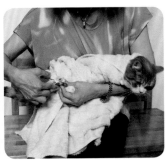

修剪後腳時，也一樣抱著貓咪的身體來進行。真的很討厭剪趾甲的話，到動物醫院請人幫忙也是個方法。就兼做健康檢查地帶往醫院，請專家來修剪吧！

梳毛是不可欠缺的

貓每天都會掉很多毛。雖然牠也會自己理毛,將脫落的被毛清除,
卻不能完全交給牠自己來做。請由飼主來幫牠整理吧!
不但可以了解愛貓的健康狀態,還可以減少屋子裡的掉毛。

短毛種　一個禮拜至少要梳毛一次

雖然在整理上比長毛種不費工夫,但短毛種還是得梳毛。至少一個禮拜一次,毛量多的貓每天都要幫牠梳毛。美國短毛貓等

矮胖體型的貓是毛量多的類型;而暹邏貓等苗條體型的貓,則大多是毛量少的類型。

最簡單的方法就是用沾濕的手來撫摸牠的身體;也可以作為和愛貓肌膚接觸的一環來進行。毛量多的貓建議用橡膠刷來梳毛。請加以備齊,好作為每天整理的工具。

用沾濕的手撫摸身體

感覺就像被飼主撫摸一樣,是貓比較容易接受的方法。就算不使用工具,能夠去除的脫落毛量也足以令人驚訝。在洗臉盆中裝入溫水或冷水,放在旁邊,一邊將手沾濕一邊進行。

可以清除這麼多喲!

1　逆著毛流撫摸

從臀部往頭部,好像要將毛逆梳起來般逆著毛流撫摸。注意不要太大力按壓貓的身體。

2　順著毛流撫摸

接下來,一邊將逆梳起來的毛回復,一邊順著毛流撫摸,整理被毛。脫落毛會沾附在手上,可磨擦雙手使其掉落。

用橡膠刷梳毛

橡膠製的橡膠刷是去除脫落毛的絕佳武器，最適合用於平日的整理上。只是，暹邏貓或歐西貓等毛量少的類型，請選擇梳腳短的橡膠刷。

讓貓咪和飼主都舒適地生活

噴上防靜電噴劑

可以使用市面上販售的梳毛用噴劑。如果沒有的話，也可以用噴霧器噴水，弄濕貓咪的被毛。如此一來，就可以防止梳毛時產生靜電。

逆著毛流梳理

首先，和使用沾濕的手撫摸的方法一樣，將全身的毛逆梳起來。注意不可過度用力。

可以清除這麼多喲！

順著毛流梳理

接下來順著毛流梳理，回復逆梳的毛。除掉附在橡膠刷上的毛後，反覆數次2→3的步驟。

不梳毛會引發毛球症

貓咪理毛時吞下的毛，會藉由吃貓草吐出，或是隨著糞便排出。不過當吞下的毛量太多，在胃中形成大毛球時，就會變成名為毛球症的胃腸炎。為了避免造成毛球症，梳毛是不可少的。

＊胃腸炎（毛球症）在 P.144 中也有說明。

**經常梳理
來保持清潔和美觀**

由於長毛很容易沾附食物碎屑或排泄物等髒污，所以必須要每天幫牠梳理以保持清潔。此外，長毛也容易糾結，不梳理的話會形成毛球，外觀上也不甚好看。如果覺得整理被毛很麻煩，用電剪剃短也是個方法，不過就會失去長毛種的華麗和漂亮的感覺了，所以最好還是勤加整理，幫牠把毛梳理漂亮。使用排梳將長毛一點一點地梳開，不要焦急，仔細地幫牠整理吧！

1 基本上是使用排梳 讓毛立起來般地進行梳理

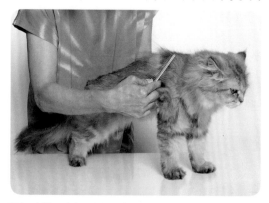

同短毛種，噴上防靜電噴劑後再進行（參照P.61）。將排梳插入被毛中，將毛往上梳立起來，一直梳到毛尾。一次少量地取毛，逐步梳理全身。一邊除去附在排梳上的毛一邊進行。

2 被毛糾結時 絕對不可用力拉扯

被毛糾結，梳子過不去的地方，先用手指夾住毛根固定後，再用排梳將毛尾一點一點地梳開。完全沒辦法梳開的毛球，就用剪刀剪掉；這時也要用手指固定毛根後再剪，以免誤剪到皮膚。

3 臉部周圍要向前梳

波斯貓等要讓臉部周圍的毛顯得鬆軟蓬大會比較漂亮。以排梳向前梳開，注意要如撫摸般輕柔地梳理，小心避免排梳的尖端傷到眼睛等。

4 腋部容易糾結，需要仔細梳理

腋下是走路時身體和腳磨擦、被毛很容易糾結的部分，請做重點式的梳理。梳理時要將腳抬起，或是輕拉腋下的肉，應該會比較容易進行。後腳內側也以相同方式進行。

腋下和大腿內側有淋巴結，也是容易形成淋巴腫（癌症・參照P.143）的部位。梳理時要加以觸摸，確認一下是否有硬塊。

5 臀部周圍的髒汙

最好的方法是洗澡，但若沒有辦法時，可將嬰兒爽身粉或貓用乾洗粉灑在骯髒的部分，用排梳梳落。

6 尾巴要梳得蓬鬆

和臉部周圍一樣，尾巴梳得蓬鬆會比較漂亮。梳理完成後，拿著尾巴末端抬高，輕輕抖動就可漂亮完成。

長毛種的華麗和優雅是其魅力所在。平日就請將被毛整理漂亮吧！覺得自己動手有困難的人，可委託寵物美容院來進行。

洗澡讓愛貓整潔又漂亮

就算你想幫貓洗澡，大多數的貓也不見得會乖乖讓你洗。
不過，想要保持身體清潔，洗澡是必要的，尤其是長毛種。
接下來要介紹幫貓咪洗澡時的要領。

在短時間內完成
貓咪不喜歡的洗澡作業

　　長毛種只用排梳梳理是無法完全去除髒污的。請以一個月沐浴一次的標準來進行。洗澡前先梳毛，將糾結的被毛梳開後再開始。如果是短毛種的話，基本上只做梳毛也是可以的，但若是油性體質的貓，或是被

毛非常骯髒時，還是必須要洗澡。

　　幾乎沒有貓會乖乖讓人洗澡。最重要的是要迅速進行，在短時間內完成。要領就在於穩固地抱住貓咪的身體，別讓牠離開。請參考右頁「穩固地抱住身體」項目。也可以2個人一起進行。

　　此外，在幼貓時期就定期地洗澡，可以讓牠多少習慣一些。

罹患脂漏性皮膚炎的
貓咪的預先作業

貓的身體有幾個皮脂分泌比較多的地方。分泌量特別多的貓，在如右的部分容易變得黏膩。這些部分只用普通的洗毛精是無法將皮脂完全洗掉的，因此必須使用專用的洗淨劑。在淋濕身體前，於乾燥狀態下部分性地均勻塗抹洗淨劑，使皮脂浮出，之後再開始洗澡。

＊洗淨劑有P.72介紹的種類等等。

耳後

塗抹均勻，注意避免讓洗淨劑進入耳中。

**尾巴
根部周圍**

身體中也有特別容易出現皮脂的地方。嚴重時可能會發炎。
＊請參考P.72的做法。

下顎

塗上洗淨劑後，用牙刷輕輕摩擦。

腳尖

塗抹後，注意別讓貓咪舔到。

洗澡的順序

貓咪還不習慣時，洗一次就行了；等牠習慣後，建議清洗2、3次。

全身弄濕 → 稍微清洗（預洗） → 沖淨 → 再次仔細清洗（正式洗） → 沖淨 → 塗抹潤絲精 → 沖淨 → 吹乾

將全身 淋濕&沖淨

如果沒有充分弄濕，洗毛精就無法順利起泡。還有最後的洗淨要特別確實。

1 穩固地抱住身體

穩穩地抱住貓咪的身體不放，是洗澡的基本。如照片般，用兩手牢牢抓著前腳和後腳，食指伸入兩腳之間。

＊請參考P.83「抱貓的方法」。

2 將水龍頭打開，移動貓咪的身體來淋濕

如果拿蓮蓬頭的話，會佔用一隻手，就無法穩固地抱著貓咪的身體了。讓溫水一直流著，在水龍頭下移動貓咪的身體來淋濕（沖淨）。

（上）臉部沖水時要堵住耳朵，以免水進入耳中。水稍微跑進眼睛裡並不會有問題。（左）沖淨洗劑時，要順著毛流移動手部。（中）避免淋到臉部地沖洗胸部。（右）抬起整個身體，沖洗腹部。

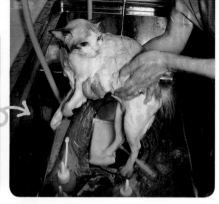

塗抹洗毛精後 清洗

終於要開始洗澡了。重點就是要迅速地進行。

有各種不同類型的貓用洗毛精，不妨配合貓咪來選擇。（左）蓬鬆柔軟、提升毛量＜Lafancys輕軟蓬鬆洗毛精NK-12＞、（中）讓被毛柔順＜Lafancys柔潤保濕洗毛精NK-18＞、（右）防止被毛糾結的長毛種用＜青蘋果洗毛精＞

1 從背部開始 將洗毛精抹勻全身

洗毛精一定要使用貓咪專用的。貓的皮膚和被毛比人類更油，人用的洗髮精並無法完全洗淨，可能會導致皮膚問題。將洗毛精塗抹在背部，用一隻手迅速抹勻全身。不需要長時間清洗，大致標準是在5分鐘以內沖洗乾淨。

2 臉部周圍使用海綿 或牙刷輕輕清洗

臉部周圍輕柔地洗。用含有溫水和少量洗毛精的海綿輕輕撫摩。注意不要讓洗毛精進入眼睛和耳朵中。也可以用牙刷梳洗。如果有眼屎，就用手指去除乾淨。

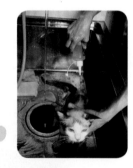

3 有做潤絲的話， 可讓被毛不易糾結

不管是短毛種還是長毛種，除了洗毛精之外，也建議使用貓用潤絲精。被毛潤絲後比較不容易發生靜電，可以預防毛髮受損和糾結。和洗毛精一樣，從背部往全身抹開。頭部不要塗抹。

擦拭吹乾

放著濕濕的身體不管很容易感冒,請迅速幫牠吹乾吧!

1 擰乾水分後用毛巾擦乾

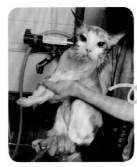

充分洗掉潤絲精後,用手握住腳和尾巴,擰除水分,用浴巾包住。短毛種的話,可以用毛巾擦乾後使其自然乾燥;房間如果寒冷,請打開暖氣。長毛種的話,就一定要用吹風機吹乾才行。

2 讓貓咪和飼主都舒適地生活

2 擺動吹風機,毫無遺漏地吹乾

將吹風機對著一個地方吹時,只有該部分會變熱而造成被毛燒焦或燙傷;只要將吹風機左右擺動地吹,就沒有那樣的疑慮了。請一邊移動貓咪的身體,毫無遺漏地進行吹乾作業。長毛種也可以使用梳子,一邊梳理一邊吹乾。

背部

腹部

尾巴

臉

完成!

刷牙是照顧的新常識

「貓也要刷牙？」——你可能會有這樣的疑問。
但在貓咪壽命延長的今天，為了健康地活到老，刷牙是不可欠缺的。
只是，突然想幫愛貓刷牙，牠是不會願意的。請慢慢讓牠習慣吧！

3歲以上的貓有8成患有牙周病！
從幼貓時期就要開始刷牙

在貓的牙齒和口腔疾病中，最常見的就是牙周病了。3歲以上的貓竟然有8成都患有牙周病。罹患牙周病，除了會有嚴重口臭、因疼痛而無法進食、牙齒脫落等情形之外，也可能造成下顎骨溶解或是引發全身性疾病。如果以為只不過是牙周病而輕忽的話，將會帶來嚴重的後果。

越是高齡，罹患牙周病的機率也越高，所以仔細刷牙以保持牙齒的健康是很重要的。但如果成貓後才開始的話，大部分的貓都不會乖乖就範。從幼貓時期就開始讓牠習慣才是上策。

貓的牙齒共有30顆，其中臼齒和犬齒是很容易附著牙垢的部分。牙周病一旦變得嚴重，就必須施行全身麻醉的手術來拔牙。

CHECK! 貓的牙齒和口腔疾病

🐾 牙周病

這是牙垢堆積造成細菌繁殖，引起牙齦發炎，或是支撐牙齒的牙周膜等溶解的疾病。＊請參閱P.145。

🐾 口鼻瘺管

因為牙周病而造成上顎骨溶解，使得口腔和鼻腔貫通的疾病。必須進行將貫通部分重新堵住的手術。

🐾 牙瘺

因為牙周病造成眼睛下方產生洞孔，或是口內黏膜產生洞孔的疾病。也可能會發生下顎骨折。

🐾 齒頸溶解再吸收病症

像蛀牙一樣牙齒逐漸溶解的疾病。人不會罹患此病，卻常見於貓身上，原因不明。也稱為齒頸部內部吸收病症。

讓貓習慣刷牙的方法

不要突然就想幫貓咪刷牙，請循著階段慢慢讓牠習慣吧！長時間進行會讓牠不耐，剛開始先進行10秒鐘左右，慢慢地讓牠習慣。

已經附著牙結石時，一被碰觸就會引發疼痛，所以要先去動物醫院清除牙結石後，再開始刷牙。

1 讓貓咪習慣被人碰觸牙齒

撫摸貓咪的臉讓牠放鬆後，將手指伸入嘴巴裡，碰觸牙齒的外側。此時並不需要牠張大嘴巴。像照片般閉著嘴巴，將手指伸入碰觸。

2 用紗布刷牙

將濕潤的紗布纏在食指上，如1般將手指伸入嘴巴裡擦拭牙齒。剛開始為了讓牠習慣，可以用紗布沾一點牠喜歡的罐頭湯汁等。重點性地擦拭臼齒和犬齒。

3 用牙刷刷牙

要去除牙齦溝槽的污垢，最好將牙刷以45度的角度放在牙齒和牙齦交界處。以臼齒和犬齒為主進行刷牙。

如果使用牙刷，就能去除細小部分的髒污。和2一樣，剛開始可以先將罐頭湯汁等沾在牙刷上，讓貓咪習慣。不要用力，輕輕地刷。

雖然有貓咪專用的牙刷，不過兒童用的小刷頭牙刷和末端較細的牙間刷等也都適用。

市面上也售有貓咪喜愛口味的牙膏，不妨多加使用。

容易髒污部分的清潔法

容易弄髒的臉部周圍和肛門周圍，只靠梳毛是無法將髒污去除乾淨的。
發現髒污時可用化妝棉隨手擦拭一下，
或是在洗澡前進行部分清洗，以保持清潔。

眼睛

放著眼屎不管的話會使得細菌繁殖，很不衛生。此外，波斯貓等扁臉的貓，淚水會積在眼睛和鼻子間，可能會引起「淚溢」而致使毛色變色。健康貓咪的眼屎是乾燥的，所以也可以用手指清除黏著的眼屎；生病貓咪的眼屎則是水水的或是發黏的。以化妝棉或紗布沾取專用的清潔液或水後，輕輕地擦拭。也可作為結膜炎等疾病的預防。

經常備有紗布或化妝棉，發現時馬上就能清理，非常方便。

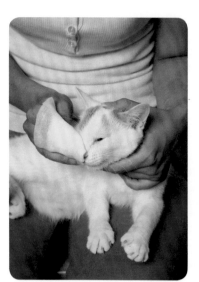
將貓咪抱在膝蓋上，使其放鬆後再進行會比較容易。不要用力搓揉，輕輕地擦拭。生病的貓咪還會流鼻水，也幫牠擦乾淨吧！

固定貓咪的頭部，注意不要傷到眼睛，小心地進行。髒污嚴重時要去動物醫院接受診察，還必須要點眼藥才行。
＊眼藥的點法請參閱P.151。

耳朵

健康貓咪的耳朵幾乎不會髒污，但若是生病的話，就容易變髒；也有的貓是遺傳到容易出現耳垢的體質，或是長了耳疥蟲。耳中如果嚴重髒污，要先帶去動物醫院檢查，治療後也要定期性地檢查耳內。

要清潔貓咪的耳朵，只要清理外觀可以看到的部分就行了。貓的耳朵內部形狀很複雜，一不小心就會清理得過度深入；但手指或棉花棒如果伸得太進去的話，很可能會弄傷牠。請用化妝棉或棉花棒沾取專用清潔液或水，輕輕地擦拭。

用化妝棉沾少量的耳朵清潔液。用水沾濕也OK。

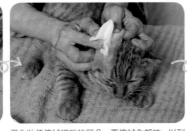

用化妝棉擦拭貓咪的耳朵。要擦拭內部時，以到食指的第一關節為大致標準。

細微的部分使用棉花棒。使用沾濕的棉花棒，注意不要過度深入地進行。

下顎

貓的下顎下方有分泌腺，是容易髒污的部分之一，也是容易沾附食物殘渣的部分。如果形成了黑色疙瘩，就是稱為「貓痤瘡」的類似貓咪青春痘的東西。惡化時可能會感染細菌，引起發炎。藉由平日的整理來保持清潔是非常重要的。

貓的下顎下方很容易髒污。

平常整理被毛時，用排梳將食物的碎屑等清除乾淨。

以專用清潔液或水沾濕化妝棉，輕輕地將下顎下方擦拭乾淨。

尾巴

貓的尾根部附近也有分泌腺，容易皮脂分泌過剩的貓，可能會出現黏膩的狀態，這種情況就稱為「尾腺炎」。嚴重時可能會感染細菌化膿，或是伴隨疼痛，所以必須定期性地幫牠清洗。將專用的洗淨劑塗抹在黏膩的部分，和皮脂充分溶合後沖洗乾淨，之後再開始洗澡。有的動物醫院也有幫貓洗澡的服務項目，而且化膿時也必須使用藥物等來做治療，所以如果罹患尾腺炎時，不妨一度前往動物醫院諮詢看看。

罹患尾腺炎的尾巴。皮膚上有呈褐色的疙瘩。

將專用洗淨劑塗抹在尾巴黏膩的部分。用手撥開被毛，直接塗抹在皮膚上。

用手指將清潔劑充分抹勻，沖洗掉後再進行洗澡。洗澡的方法請看P.64～。

可洗淨皮膚黏膩和嚴重髒污的深層潔淨洗毛精＜PropHem CLEARWASH＞。

肛門腺

貓的肛門兩側有一種稱為「肛門腺」的分泌腺。排便時會從這裡流出液體留下氣味，也是打架等興奮時會排出的液體所堆積的地方；但是腺液過度堆積會產生惡臭，嚴重時甚至會導致肛門囊破裂，必須動手術治療。如果貓咪容易堆積腺液的話，就必須定期地幫牠擠出。因為擠擠時有要領，如果覺得困難，就交給動物醫院來做吧！

肛門囊

肛門囊

肛門

這是從上往下俯視貓咪臀部的圖。肛門旁邊有2個積存肛門腺分泌物，稱為「肛門囊」的囊袋。

肛門囊位於肛門的斜下方，所以要從兩側抓住肛門的稍下方。
※實際作業時可戴上手套，以面紙等按在該處來進行。

稍微用力一擠，有臭味的分泌物就會跑出來。腺液的狀態會因貓隻而異。結束後最好進行洗澡。

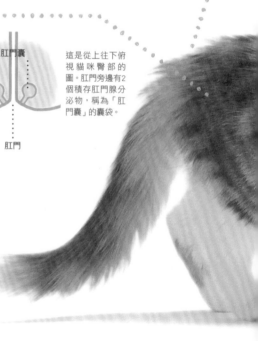

3

來和貓咪溝通吧！

既然要養貓，
就要從貓的行為和叫聲了解牠的心情，
好好地和牠溝通吧！
讓你成為被貓咪喜歡的飼主！

如何和貓咪成為好朋友

「雖然很喜歡貓,但貓卻好像不喜歡我……」你是否曾經這麼想過?
可能是在不知不覺中,做了讓貓咪討厭的事也不一定。
想要和貓咪成為好朋友,先來知道牠的好惡吧!

知道貓咪的喜好,和牠建立更親密的關係

「哇!好可愛喔!」——看到貓時,你是這樣的反應嗎?貓很害怕巨大的聲音和誇張的動作,因為牠會覺得你是「好像會攻擊過來的人」。這實在是很遺憾。想要被貓喜歡,必須有點要領。請儘量壓抑「好可愛!」這種高漲起來的興奮心情,安靜沉穩地行動,向貓咪傳達「我不會傷害你」的訊息。除此之外,也可藉由右頁來知道貓咪的喜好。

出生後3個月左右之前的時期,所經歷的事物會對往後有很大的影響。在這個時期讓牠習慣人類,以後就不會怕人了。

了解「貓咪式」的寒暄方式

貓咪之間會互相靠近鼻子來確認味道。與此相同,人只要一伸出手指,牠就會將鼻子湊上來嗅聞味道。不妨也試著對愛貓做這種「貓咪式」的寒暄吧!

這種寒暄方式,在貓咪還有點警戒時也可以使用。這樣做可以讓牠確認你的氣味,牠就會漸漸對你感到熟悉了。請讓貓咪充分嗅聞你的氣味,讓牠安心吧!在貓咪安心之前,最好避免碰觸牠,或是對牠過度逗弄。等到貓咪在你身邊顯得放鬆,出現「已經安心」的信號後,就可以撫摸牠了。

貓喜歡的人

- 聲音較高且溫柔的人
- 動作和緩沉著的人

因為喜歡較高且溫柔的聲音，以及和緩的動作，所以傾向於喜歡女性。此外，也喜歡待在不太活動、經常坐在一處的老年人的身邊。

- 態度一貫的人
- 會輕輕撫摸自己的人
- 沒有擦香水的人

貓無法忍受香水等強烈的氣味，也不喜歡香菸和柑橘類的味道。

- 不會糾纏不休的人
- 和飼主相同性別的人

了解貓不喜歡的事，想想「做什麼事會讓牠感到害怕」，帶著體貼的心和牠相處是很重要的。尤其是對膽小的貓咪，更要慎重地對待。

貓討厭的人

- 動作無法預料的人
- 做事沒有一貫性的人

有時糾纏不清地逗弄、有時粗暴地對待，對貓來說，人類小孩的行為是無法理解的威脅。大多數的貓對幼兒或嬰兒所做的事都很寬容，不過還是要就近守護，以免任何一方受傷。

- 一直摸個不停的人
- 大聲喧嚷的人

貓不喜歡吵鬧的聲音、尖銳的聲音。「哇！貓咪好可愛！」像這樣大聲地靠近，是會被牠討厭的。

被陌生人一直盯著瞧，好可怕哦！

- 強勢的人
- 香水味很重的人
- 裝扮很陌生的人
- 和飼主不同性別的人

貓會對陌生的東西加以警戒。例如，飼主如果是女性，則牠對於男性高大的身體和低沉的聲音等，就會覺得是陌生的東西。

讓貓咪忘我的遊戲方式

貓天生就有狩獵本能。即使是不需要狩獵的寵物貓，仍然保有這種本能。
不妨以遊戲來滿足牠的狩獵本能，消除運動不足的問題吧！
在此要教你讓貓咪忘我地飛撲過來的遊戲方法！

室內飼養的貓
一輩子都需要遊戲！

　　動物的幼兒會透過遊戲來學習長大時必需的狩獵技術。而幼貓也會逗弄會動的東西，或是追逐或是飛撲，來練習狩獵時所必需的動作。野生動物長大後，為了生存下去必須竭盡全力，因而變得不再玩遊戲；但是受人類保護的貓卻還保有想玩的心情。不妨一天和牠一起玩一次吧！貓不太有持久力，所以一天15～20分鐘就OK了。

幼貓時自不待言，但即使長大了，貓還是喜歡玩耍。如果對於遊戲顯得興趣缺缺，可能是做法不好的關係，請多研究一下遊戲方法吧！

和貓咪玩耍時的 3 個基本

 1 重現「狩獵」

把貓咪忍不住就想對會動的東西出手的本能，善加活用在遊戲上吧！模仿作為獵物的老鼠、小蟲子、小鳥等的動作來晃動玩具，讓貓咪體驗模擬狩獵。

 2 使用玩具

貓咪一旦玩得渾然忘我，狩獵本能就會覺醒，可能會變得具有攻擊性。如果空手進行遊戲，可能會被咬傷，所以遊戲時請務必使用逗貓棒等。

 3 配合性格

有些貓咪的性格小心謹慎，即使邀牠玩耍也少有反應。視貓咪的反應，有耐性地陪牠，或是在牠可以不害怕地伸手拍打的範圍內移動玩具等，請配合貓咪的性格來思考遊戲方法吧！

不要漏看「來玩吧！」的信號

　　橫躺倒下、露出腹部——這是幼貓邀玩的動作。幼貓彼此間的遊戲，都是在對方接受這個信號後才開始的。如果看到這個動作，就算是短時間也沒有關係，請一定要跟牠玩。能和飼主心意相通，會讓牠非常高興。除此之外，如果愛貓發出任何希望你逗牠玩的信號，就請儘量陪牠玩吧！

看報時，貓咪可能會過來躺在上面。這是希望注意力被其他事物吸引過去的飼主能夠多加關注自己的行為，並沒有惡意。

愛貓如果對遊戲厭膩了，就要加入新的技巧

　　如果只是反覆相同的遊戲，一旦貓咪熟練該動作，就會覺得不滿足。如果愛貓變得對遊戲不太感興趣的話，不妨動動腦筋，想想能加入新動作的遊戲吧！例如，將逗貓棒沿著柱子或樓梯移動，試著讓牠上下運動，給予新的刺激。

貓咪想找人玩的信號

一邊注視著你一邊躺下來

露出肚子，一扭一扭地擺動身體；有時喉嚨也會發出咕嚕咕嚕的聲音。這也是發情期的母貓引誘公貓時常見的行為之一。

把頭靠過來磨蹭

將頭部或尾巴臭腺所分泌的氣味沾附到人身上，以宣告自己的所有物。這也有表示親愛之情，希望你逗牠玩的意思。

默默地注視著你

貓咪會想和關係親密的人視線相對。在近處目不轉睛地注視著你，是在等待飼主回應牠。

3 來和貓咪溝通吧！

掌握停止遊戲的時刻，乾脆俐落地結束

　　貓有瞬間爆發力，但卻沒有持久力，一下子就疲倦了。讓牠盡興地玩，大概15分鐘就夠了。停止遊戲時，要讓牠成功捕捉到逗貓棒等「獵物」，飼主就可以去做別的事情了。如此一來，牠就會知道遊戲結束了，進而轉換成別的心情。

用逗貓棒玩遊戲

想要抓住玩具時，貓咪的鬍鬚會朝向前方，瞳孔會瞬間變大。請一邊觀察牠的表情，享受你追我跑的樂趣吧！

我抓！

在地板上移動

重現老鼠或蟲子在地上爬行的動作。摩擦地板發出聲音，吸引愛貓的注意後，一點一點地躲遠。所謂獵物就是會逃跑的東西，如果將逗貓棒靠近的話，反而會讓愛貓感到害怕。在好像會被抓到卻又不會被抓到的時機，做出像要逃跑般走走停停的動作，讓貓咪來追逐。

大力揮動，讓愛貓跳躍

使用釣竿型的逗貓棒等重現小鳥的動作。在低處揮動，當愛貓要飛撲過來時再向上揮高，讓牠跳起來。反覆3、4次後，最後讓牠成功捉到，結束遊戲。

在布下移動

將逗貓棒放入被單或毯子等布料下方來移動。重現隱藏活動的蟲子的動作。發出沙沙的聲音，或是呈Z字型地移動。如果愛貓厭膩了，就從布的邊緣稍微露出前端，應該可以吸引牠將前腳鑽進布下來捕捉。

從隱蔽處一閃讓牠看見

躲在門或傢俱後面，只露出逗貓棒前端地移動。確認愛貓正在注視著，慢慢地將逗貓棒拉進隱蔽處。等牠充分鎖定目標後，就看準時機縮回逗貓棒，扮演「想要躲起來的獵物」，讓愛貓忍不住飛撲過來。請演出好像可以抓到卻又無法抓到的獵物。

由於是運動量較大的遊戲，很適合體力好的貓咪。最好在寬闊的地方進行。

用球玩遊戲

滾動、投擲

在幼貓時期，貓咪會自己滾球玩遊戲。基本上，只要丟給牠就能隨便牠玩的東西，都是「幼貓」用的玩具。也喜歡加入鈴鐺等會發出聲音的球。

讓牠銜著球過來

準備愛貓容易銜住的球。先看好要讓牠過去銜回來的地方，然後將球投到那邊。如果愛貓銜著球回來，就再投出去，反覆進行遊戲。

用家裡的東西玩遊戲

會發出唏唏嗦嗦聲音的紙袋，貓咪是無法視而不見的。進到裡面，會有一種身體被包覆的安心感，似乎可以靜下心來呢！

 用紙球玩排球遊戲

用廢紙做成的球會發出沙沙的聲音，是貓咪喜歡的玩具。稍微坐遠一點，往愛貓頭部的高度丟擲過去，讓牠用手拍落；撿起來後再投，進行連續對打。

慢慢提高高度，讓愛貓跳躍飛撲。準備可以讓貓咪用爪子抓住的軟球，投到容易接住的位置，就能讓牠接球。

 用紙袋玩遊戲

放置紙袋，讓愛貓坐在上面，或是進入裡面。等牠安穩地待在裡面後，就可以握著把手拖行，或是提著走。這是讓貓咪忐忑不安的好玩遊戲。

用繩子玩遊戲

只要拖著繩子走，愛貓就會跟在後面打轉玩遊戲。也可以繫在棒子末端揮動。遊戲時請注意別讓貓咪誤吞了。

貓咪喜歡的撫摸法、懷抱法

「一摸就會被咬」、「不愛人家抱,所以無法抱牠」——像這樣的飼主應該很多吧!
然而,為了貓咪的健康管理,肌膚接觸卻是不可缺少的。
在此要教你有效和貓咪進行肌膚接觸的要領。

撫摸＝膚觸的基本。
也可作為貓咪的健康檢查

　　幼貓會被母貓抱在懷中,舔遍全身,那種溫暖和刺激可以讓牠放鬆。飼主用手「撫摸」,和母貓的「舔舐」有相同的效果,同樣可以給予溫暖和安心感。對於可以給予安心感的飼主,貓咪會信賴對方並對其撒嬌,建立起親子關係。每天都要有足夠的膚觸來加深關係。

　　還有,藉由每天的觸摸也可以檢查貓咪的身體狀況。就健康管理方面來說,膚觸也是不可欠缺的。

高明撫摸的要領

🐾 撫摸愛貓覺得舒服的部位

一般來說,貓咪喜歡人家摸牠自己無法理毛的地方。請避開牠不喜歡被碰觸的地方,並找出哪裡是牠喜歡被人撫摸的吧!

🐾 在愛貓放鬆的時候進行

請在貓咪安穩下來,就算摸牠也不會排斥的時候撫摸牠吧!當愛貓主動靠過來磨蹭的時候,就是希望你撫摸的信號。

🐾 依部位改變碰觸方式

臉部等以輕觸的方式溫和地撫摸,下巴下方等可以稍微用力搔撓。要依部位來改變撫摸方式。

🐾 不願意的話,立刻停止

在自己不想被摸時被摸,或是沒完沒了摸個不停,會讓愛貓變得討厭撫觸這件事。最好在牠開始焦躁不安前停止。

突然變得不願意被摸時

之前摸都沒有問題的地方,突然變得不願意被人碰觸時,很可能是生病了。如果覺得不對勁的話,還是儘早帶去醫院檢查吧!

睡覺時,幼貓的身體會緊貼著母貓的腹部;母貓則會經常舔舐幼貓的身體。

貓咪覺得舒服的地方

觀察愛貓的樣子，尋找牠喜歡的地方，並避開牠不喜歡的部位。

😺 額頭
從兩眼間往頭部，如畫線般地撫摸。

😺 耳朵
用手指輕輕捏揉按摩。耳朵入口處也可輕輕撫摸。

😺 嘴巴周圍
用指腹順著毛流撫摸嘴角和嘴巴周圍鼓起的部分。

😺 頸後
就像貓咪自己在搔撓一樣，稍微用力地幫牠搔撓吧！

😺 背部
沿著脊椎般，筆直緩慢地撫摸。

😺 下巴下方
用指腹撫摸下顎。習慣後，稍加力道，輕輕立起指甲從下顎搔撓到耳下，貓咪會很歡喜。

😺 臀部
如果是臀部為舒服點的貓咪，只要輕輕拍打，就會把臀部抬起來。

😺 胸部·腹部
愛貓如果露出肚子，就畫圓般地進行按摩。因為是敏感的部分，如果愛貓不願意的話就要立刻停止。

3 來和貓咪溝通吧！

以按摩讓貓咪放鬆

😺 蹠球

輕輕按壓般揉捏。也可推出趾甲檢查一下。

😺 肩膀

貓咪也會肩膀疲勞。用手指夾住肩膀和前腳根部進行揉捏。

😺 背部

從頸部到腰部，夾住脊椎兩側的肌肉進行指壓。

😺 臉部

輕輕拉動皮膚般，揉捏放鬆臉部的肌肉。

指導／早田由貴子

貓咪願意讓你抱牠，
就是代表跟你有信賴關係

　　對貓來說，被人類抱的狀態，是無法立即逃脫的危險狀態。也就是說，願意被人抱起來，也就是牠信賴那個人的證明。即使是不怕生的貓，要是被飼主以外的人抱，通常也會想在短時間內逃走。由此看來，抱貓可以說是飼主的特權。不過，抱法不對，或是還不習慣被抱的貓咪，就算對象是飼主，牠也不會安穩地讓人抱。學習正確的抱法，慢慢地讓牠習慣是很重要的。

學會正確的抱法，可以帶給貓咪安心感，清潔照顧時也輕鬆。

搬運走散的小貓時，母貓會叼著頸部。致命處的頸子一被揪住，小貓就不敢亂動了。不過，不可以抓住成貓的頸子來搬動。

高明懷抱的要領

😺 不要勉強抱牠

勉強抱起不喜歡被抱的貓，會讓牠變得越來越討厭被抱。如果是尚未習慣被抱的貓，先從讓牠坐在膝蓋上開始吧！

😺 讓身體確實穩定

身體處在好像快要滑落的不穩定狀態，會讓貓想逃走。不要只支撐上半身或是下半身，而是要用兩隻手臂包住整個身體，讓牠能夠穩定。

😺 不要抓到疼痛處

腹部是敏感的部位，不可以手持腹部地抱起來。也不能抓住尾巴或是前腳地提起來，否則會弄痛關節。

😺 不可抓著頸子抱起來

母貓會叼住小貓的頸子來搬運，不過長大後，只靠頸部並無法完全支撐自己的體重，會讓貓覺得難受。

抱貓的方法

要領是分別讓上半身和下半身穩定。用兩手臂和胸部支撐，以免滑落。

1 讓貓咪放鬆

當貓咪沉穩安靜時，輕輕撫摸身體，讓牠放鬆。

2 用一隻手支撐上半身

食指伸入前腳之間，用一隻手抱起上半身。

如果貓咪亂動的話，就按住前腳，收合腋下。等牠穩定下來後再放鬆。

3 用手臂支撐下半身

用另一隻手摟著下半身地抱起來。

4 靠在胸部讓牠穩定

將貓咪的身體貼住胸部，讓牠穩定。只要頭在心臟側就會穩定下來。

3 來和貓咪溝通吧！

如何讓不喜歡被抱的貓習慣

1 設法讓牠坐到自己的膝蓋上

先讓牠習慣坐在膝蓋上吧！在寒冷的日子裡關掉暖氣坐下來，貓咪可能就會自己坐到你溫暖的膝蓋上。坐在地板上，用逗貓棒等誘導牠到膝蓋上也是個方法。貓咪坐到膝蓋上後，絕對不要搔擾牠，以自然的態度坐著吧！

2 讓愛貓學習到被抱是件好事

以每天一點一點練習的想法來看待這件事。一天進行數次，等到能好好地抱住牠，在愛貓感到厭煩前就要讓牠離開。之後，不妨給牠一點零食，讓牠了解被抱是一件好事，對於被抱能夠擁有好印象。

有效的稱讚法、教養法

「為什麼不聽話呢！」──就算像這樣生氣，也沒有辦法教養貓咪。
了解愛貓的性格，善加使用獎勵品，誘導牠
「不要做飼主不希望牠做的事」才是要點。

斥責不但沒有效果，還可能造成反效果

貓的社會沒有上下關係，所以無法像狗一樣，可以由人下命令禁止牠做什麼事。例如，當愛貓在牆上磨爪時，大聲斥責牠「不行！」，當下可能會讓牠嚇一跳而停止；但這樣只會讓牠認為「如果磨爪時這個人在旁邊，就會有不好的事發生」，而變成當你不在場時才開始磨爪。

還有，如果是在牠剛做過壞事之後馬上斥責，牠還能將該行為和斥責連結起來思考，但如果是經過一段時間後才罵牠，牠就會無法理解為什麼會被罵。「貓是無法用斥責來教養的」請務必先了解這一點。

不管對飼主來說有多麼困擾，磨爪或半夜跑動等本能的行為，都是無法禁止的。

讓愛貓自己養成習慣就是教養成功的關鍵

首先是最原始的做法，例如「在不希望愛貓上去的地方堆放東西」等，如果有不希望牠做的事，就製造出物理上讓牠無法去做的狀況。如果行不通的話，就要考慮教養。教養的基本是，讓牠養成「不做的習慣」。請參考右頁開始的內容，試著挑戰看看吧！只是，貓的教養很困難，無法立刻就達成。重點是要有耐心地進行。還有，教養時要避免過度嚴厲，有時妥協也是必需的。

一旦被罵，貓可能就會記住飼主是「可怕的人」。教養必須要用其他的方法。

有效教養貓咪的要領

就算斥責牠「喂！」、「不行！」，還是無法順利教養。
重要的是要讓牠養成「不做的習慣」。
請參考這些重點，試著挑戰看看吧！

1 讓貓咪在物理上沒有辦法做到

例如，在不希望愛貓爬上去的地方堆滿東西，使得上面沒有可爬上去的空間，在物理上讓牠無法爬上去。如果沒有可爬上的空間，貓咪就不會想爬上去。這是讓愛貓和飼主都不會感到不愉快的方法。

2 讓愛貓學習「做了〇〇就會有不好的事發生」

當愛貓想做壞事時，就弄出巨大的聲響或是噴水，將該行為和不愉快的想法連結起來，牠就會學習到「做了〇〇就會發生不好的事」，而漸漸地不再做了。請參考P.86。

3 默不作聲地忽視牠

例如，想要改正牠咬人的壞習慣時，就算被咬後嚇一跳，也要默不作聲地冷靜以對。一旦騷動，貓咪會誤以為這樣做能獲得飼主的逗弄，變得更會咬人。

4 比起視覺，更要訴諸於聽覺

即使對愛貓擺出可怕的表情也不會有效果。想引起牠的注意，發出聲音等訴諸聽覺的方法還比較有效。不過要注意的是，如果對膽小的貓咪大聲吼叫，牠可能會變得害怕飼主。

我可是很忠於本能的。

來和貓咪溝通吧！

5 採取讓愛貓不知道是飼主所為的方法

要發出巨大聲音讓愛貓感到不愉快時，可參考P.86介紹的「天譴式」教養法，用點心思讓牠不知道是飼主做的。為了讓愛貓不會將飼主和可怕及不愉快的想法連結在一起，這是必要的。

被飼主斥責時，貓咪雖然可以理解自己受到責難，但卻無法理解飼主不希望自己做什麼。不想讓愛貓做你不希望牠做的事，先理解牠的性格再尋求對策，才是有效的方法。

有效的「天譴式」教養法

不希望愛貓做某件事時，只要先設置好「做了那件事就會發生驚嚇的事情」的裝置，讓牠產生「不好的感覺」，漸漸地牠就不會再去做了。重點是，不能讓牠知道這是飼主做的。因為這個方法是要讓貓咪以為是「自然發生的」，所以稱為「天譴式」教養。

1 設置機關

在不希望愛貓爬上去的場所，先放置掉下來會發出巨響的東西，或是設置會黏在身上的膠帶等，讓牠覺得討厭，就不會再爬上去了。

2 噴水

愛貓如果惡作劇，就從牠的背後等看不見的地方用噴霧器噴水，讓牠學習到「做了○○就會淋濕，真討厭」，於是就漸漸不會再做該行為了。

取而代之準備「可以做的事」

貓咪並不是故意要做壞事，只是依照本能行動而已。既然製造出不可以爬上去的場所，就要另外準備可以讓牠爬上去的地方。還有，要幫牠準備可以玩的玩具，來取代不可以惡作劇的東西。

絕對不可以體罰

就算愛貓做了你不希望牠做的事，也絕對不可以打牠。挨打了會痛，因此牠可能不會再做壞事，不過也會變得害怕飼主而不敢接近，或是無法順利建立起信賴關係。大聲怒吼也是一樣。斥責時，貓咪可能會移開視線，不過這並不是因為牠沒有在反省，而是因為牠害怕飼主的關係。

請充分理解，貓咪只是順從本能和好奇心，並不是蓄意要做「壞事」。不管是在被子上尿尿，或是在牆壁上磨爪，全都是有理由的。尤其是斥責如廁失敗，更是危險。牠會以為小便或大便後會被罵，因而憋著不上廁所，很可能會導致生病。

不要只是讓牠有「不好的感覺」，
也要讓牠有「好的感覺」的來教養牠

　　為了讓愛貓停止做「不希望牠做的事」，有讓牠產生「不好的感覺」的教養方法；反之，為了讓愛貓做「希望牠做的事」，也有讓牠產生「好的感覺」的教養方法。例如，當牠想爬上你不希望牠上去的場所時，可以用獎勵品引誘牠，讓牠放棄爬上去。這樣做可以讓愛貓養成不攀爬該場所的習慣。此外，「好好地如廁」、「在磨爪器磨爪」等情況，也都可藉由給予獎勵品來加強貓咪的該行為。

態度不一致，
教養就無法成功

　　需注意的是，不管用哪一種方法，當愛貓做了該件事時，如果沒有相同的反應，教養就不會成功。例如，當牠爬上桌子時，有時候對牠噴水，有時候卻給予獎勵品，這樣會讓愛貓感覺無所適從。「有時會得到獎勵品，所以還是爬上去看看吧！」——或許牠會這麼想。所以，和家人一起生活時，全家人都採取相同的態度是很重要的。「媽媽責罵，爸爸卻給獎品」是不行的。

如果不希望貓咪爬上桌子時，那麼當牠爬上桌時，就不能有人稱讚牠。

使用獎勵品教養的方法

1　先想想要拿什麼 當獎勵品

說到「獎勵品」，腦中很容易浮現零食等東西，不過這對於不太執著於「吃」的貓來說並沒有效果。例如有的貓喜歡和飼主玩，有的貓喜歡被撫摸等，不妨依照貓咪的喜好來思考要拿什麼當作獎勵品。如果是拿零食或食物當獎勵品時，別忘了要從平日的飲食量中減掉相當的熱量。

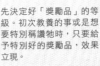

先決定好「獎勵品」的等級。初次教養的事或是想要特別稱讚牠時，只要給予特別好的獎勵品，效果立現。

2　做了「你希望牠做的事」後 馬上給予

馬上給予「獎勵品」，愛貓會學習到「做了這件事，就有好事發生」。藉由反覆進行，就可以讓該行為成為習慣。

3　只用話語教養時……

給予獎勵品時，只要短短地說句「好乖」或「過來」，愛貓就會對這句話產生好的印象。反覆這樣做，讓牠變成即使沒有獎勵品，也可以只用該句話就做出那樣的行為。只是，這是難度較高的做法，有些貓咪並不容易學會。

來讀取貓咪的心情吧！

來讀取貓咪的心情，和愛貓變得更加親密吧！雖然貓常被認為是面無表情，
但仔細觀察，其實牠是用表情變化和尾巴動作等整個身體來表現感情的。
請注意看重點，仔細觀察，應該就能了解了！

 眼睛　由瞳孔的大小
可以得知心情的變化

　　貓在陰暗處會張開瞳孔，藉由少量的
光線就能看見東西；而在明亮的地方，瞳孔
則會變細以避免進入的光線過多。這是因為
光量而產生的變化，但其實瞳孔的大小也會
因為心情的變化而改變。請試著在你的愛貓
前面叫喚牠的名字，或是揮動逗貓棒看看。
在名字被叫到的瞬間，愛貓就會敏感地反
應，讓瞳孔張大。

瞳孔張大
▼
- 嚇一跳
- 有點興奮
- 表示「咦？」
  的心情
- 害怕

當貓咪嚇一跳
時，瞳孔會張開
並且變圓。這是
為了要充分確認可
能會攻擊自己的對
手的關係。當察覺到
什麼事物時，瞳孔也會
變圓。

瞳孔中等
▼
- 心情良好

心情好的時候，瞳孔是中等
大小。當覺得放鬆時，如果
相對於瞳孔大小，外面的光
線過度明亮時，就會瞇起眼
睛。

瞳孔變細
▼
- 集中
- 攻擊姿勢

要埋伏等待獵物
或是進行攻擊等
需要集中注意力
的時候，瞳孔會變
得細長。也有人認
為瞳孔變細是為了
要從草叢間充分觀察
獵物之故。

表情 注意看鬍鬚和耳朵等來讀取表情

貓並沒有寂寞或悲傷等像人類一樣的複雜感情。牠們的感情變化非常簡單，全是基於安全或危險而定。只要安全又安心，就會感到滿足，心情也會變好，露出悠然自得的安穩表情。但是，當感覺到地盤遭到騷擾等危險時，就會顯現出緊張的表情。要讀取貓咪表情的變化，除了眼睛之外，注意看耳朵和鬍鬚等的動作也是重點。

🐾 害怕時

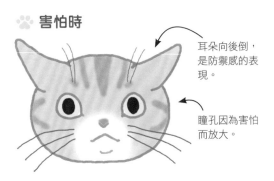

耳朵向後倒，是防禦感的表現。

瞳孔因為害怕而放大。

🐾 生氣時

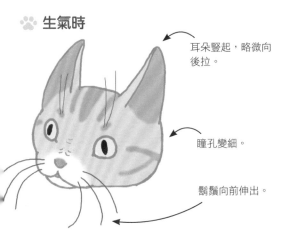

耳朵豎起，略微向後拉。

瞳孔變細。

鬍鬚向前伸出。

🐾 心情愉快時

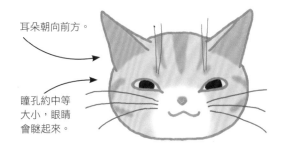

耳朵朝向前方。

瞳孔約中等大小，眼睛會瞇起來。

🐾 對某事物有興趣時

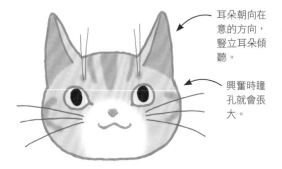

耳朵朝向在意的方向，豎立耳朵傾聽。

興奮時瞳孔就會張大。

3 來和貓咪溝通吧！

貓也會笑？「那種表情」的祕密

貓要嗅聞性荷爾蒙的氣味時，不是用鼻子，而是用稱為「犁鼻骨器官」的部位來感知氣味。犁鼻骨器官位於口腔上部（腭），由通過該處的2個小孔（在門牙後方）將氣味送進來，因此貓會張開嘴巴，在肌肉上施加壓力。這個模樣看起來就像在笑一樣，稱為「裂唇嗅反應」。

姿勢　用全身表現不安和害怕

貓的心情也會表現在姿勢上。尤其是想要攻擊或是感到不安和害怕的時候，都會如實地表現出來。想要保護身體時，就會放低下半身；上半身畏縮，就是害怕、想要逃走的信號。如果你正在逗弄牠的話，還是放牠走吧！

以柔軟動作的身體來傳達各種感情的貓。這張照片中的普通伸展姿勢，和為了威嚇而拱起背部的差異，就在於上半身的後縮程度和身體的方向。

安心

在沒有不安的普通狀態時，臉部和尾巴都處於自然狀態。只要不感到害怕，貓就會採取直視對方的堂堂姿勢。

背部筆直

耳朵直立

攻擊

瞄準獵物時，貓的耳朵會朝向側面，前後腳筆直向上伸展。下半身抬高，開始攻擊。

耳朵朝向側面

腳伸長，下半身抬高

想要逃跑

放低姿勢，是在告訴對方「我很弱，請不要攻擊我」。當恐懼極大時，會變成幾乎趴下的狀態。

耳朵倒下

縮頭放低姿勢

威嚇

身體橫向對方，是為了儘量讓自己顯得龐大。上半身縮回，表示內心不想攻擊，而是覺得可怕。

只有臉朝向對方，身體呈側向

下半身往拱起

尾巴

表現力豐富的尾巴是心情的晴雨計

不管是多麼撲克臉的貓，心情還是會表現在牠的尾巴上。想要撒嬌時，就會豎立起來；生氣時，會讓尾巴大為膨脹。此外，「搖尾巴是高興的証明」只適用於狗；當貓搖尾巴時，會依搖法來表示焦躁或興奮等各種心情。請在遊戲時或撫摸時注意看牠的尾巴，判斷愛貓的心情吧！

豎起尾巴

▼

「幫我做○○～！」

即使愛貓長大了，也會記得小時候豎起尾巴，讓母貓幫牠舔屁股的事。因此只要想撒嬌時，就會將尾巴垂直立起。也可能是正催促著某件事。

立起倒逆毛

▼

「要打嗎！！」

威嚇對方時，會高舉尾巴，立起倒逆毛讓尾巴膨大，好讓自己顯得更龐大。

慢慢擺動

▼

「有點在意呢！」

當注視著牠在意的東西，心情搖擺著是否要前去確認時，尾巴就會慢慢擺動。

捲入身體下方

▼

「好可怕哦！」

感到害怕時，會將尾巴夾在兩腳之間，縮小身體。這是為了讓自己顯得弱小，以方便自保的關係。

大幅度用力搖動

▼

「焦躁不安……」

左右大幅動，是心情焦躁不安的表現。這時是處在興奮狀態，不妨讓牠安靜一下吧！

呈現倒U字型

▼

「揍你喔！」

想找碴打架時，尾巴會呈倒U字型。也可見於幼貓之間玩打架遊戲的時候。

微微抽動

▼

「被我發現了！」

找到某物時，尾巴就會微微地抽動。想要飛撲上去等將要展開行動的時候，也會抽動。

叫聲　從聲調來判斷愛貓的要求是什麼

貓會分別使用不同的叫聲。貓之所以會叫大致可分為2種狀況：一種是叫喚對方的時候，例如想吃飯，或是希望你幫牠開門等，為了達到要求而叫喚飼主；另一種是希望對方離自己遠一點等，想要調整距離的時候。可能是表示自己正在生氣的警告，或是傳達痛苦，希望對方能停止攻擊。請依各種不同的狀況來判斷牠的心情吧！

喵噢～

想索取零食時，會發出「喵噢～」的要求叫聲。在愛貓執拗的索求下，似乎大多數的飼主都無法拒絕。

叫聲	狀況・心情
喵噢～ ※ 成貓	成貓發出強大又有力的叫聲，就表示有某種要求。大多是表示「快點給我吃飯～」、「開門」等「幫我做～」的叫聲。
喵噢～ ※ 幼貓	幼貓有力的叫聲是在訴說「我很不安」、「幫幫我」等痛苦的聲音。因為牠正感受到危險，請馬上加以安撫。
喵！	短短的「喵」，是對熟悉對象的招呼。習慣後，就連對流浪貓也可能會打招呼。
喵～嗚～	表示「要打嗎～！」的威嚇叫聲。在打架前叫以用來增加氣勢。打架時或是要進行攻擊或是防禦時也是這種叫法。
嘩！	有不認識的貓進入勢力範圍，或是感覺自己有危險時，以「喂！」的心情來對對方發出警告。
唧！	發現玩具（獵物）等，準備發動攻擊時，會用鼻子發出聲音。也是表示「太好了！」等鼓起幹勁時的叫聲。
吓——	表示「你想幹嘛！」，要威嚇對方或是警戒時的叫聲。狀況如果沒有改善，接下來就會發動攻擊。請讓牠靜一靜吧！
嘎啊——	表示恐懼和痛苦。若是打架被咬的時候這樣叫的話，並不是因為疼痛而哀叫，而是叫著「別再打了」。
喀喀喀喀喀喀……	發現窗外的小鳥或蟲子等時，自然湧起狩獵本能，但現實上卻沒辦法捕捉到——當內心出現這種糾葛時，就會這樣叫。

咕嚕咕嚕　心情好和心情不好，有兩方面的意義

幼貓正在喝母貓的奶水而無法發出叫聲時，喉嚨就會發出咕嚕咕嚕的聲音，以傳達「我很好，很舒服」的意思。即使在長大後，這個信號依然保留了下來，心情好的時候，喉嚨就會咕嚕咕嚕地叫。不過，當身體不舒服時或是不安時，也同樣會發出咕嚕聲，這似乎也有讓自己安心的意味。

🐾 滿足時的咕嚕咕嚕

待在飼主的身邊感到放鬆時，會和與母貓在一起時的安心感重疊，喉嚨就會發出咕嚕咕嚕的聲音。這是在傳達「啊～好滿足」的安心感、滿足感及喜悅。也有些貓難得聽到牠咕嚕咕嚕，所以即使聽不到也無須擔心。

🐾 要求時的咕嚕咕嚕

當愛貓發出比滿足時的咕嚕聲更清楚、更大聲的喉嚨聲時，就是有所要求的時候。當牠希望你撫摸時或是想撒嬌的時候，就是在傳達「跟我玩嘛！」的心情。有時除了咕嚕咕嚕聲還會加上叫聲，就是希望你能夠更加注意牠。

🐾 不安時的咕嚕咕嚕

和心情愉快時的咕嚕咕嚕完全不同，有時是低沉、彷彿在胸部深處響起般的咕嚕聲。這是因為生病而感到身體不舒服或是疼痛，覺得不安的狀態。心情不好的時喉嚨也會咕嚕叫，但是這種情況很少被發現，所以請好好地聽清楚吧！

「咕嚕咕嚕」是從哪裡發出來的？

雖說是「喉嚨發出咕嚕咕嚕聲」，但發出聲音的究竟是不是「喉嚨」，其實至今仍未明確。目前有3種假設。①「喉嚨內部的軟腭依心情而動」，②「靜脈血液從腹部進入胸部時，血流紊亂而在胸中發出回音」，③「血液用力碰撞動脈壁的聲音和身體產生共鳴」。貓咪身上似乎還隱藏著不少謎團呢！

睡姿　從睡姿得知貓咪的安心度和氣溫

貓一天中約有3分之2的時間都在睡覺中度過。睡眠的內容幾乎都是淺眠的REM睡眠（快速動眼睡眠），一般認為熟睡的時間很短。不過，沒有外敵的室內寵物貓，熟睡率似乎比野貓更高。還有，露出肚子仰睡的姿勢，也是不會出現在野貓身上的、寵物貓所特有的睡姿。正因為處於安心狀態，才能呈現出這種毫無防備的睡姿。

野貓會從樹上等高處向下望，以樹洞等可完全包覆身體的地方作為睡鋪。作為寵物的貓也有這種習性，喜歡將高處或箱狀物作為睡覺的地方。

警戒 or 寒冷　剛好

🐾 縮成一團睡覺

寒冷時，為了避免體溫散失，會蜷曲起來睡覺。用尾巴覆蓋著鼻尖，以睡眠時的呼吸保持溫暖。此外，當光線太刺眼時，有些貓還會用前腳遮住眼睛。警戒時也會蜷縮身體睡覺，這是為了避免重要的腹部顯露出來之故。

野貓的睡法

野貓或警戒心較強的貓，睡覺的時候也不會露出無防備的姿勢。牠們睡覺時即使是把腳伸展開躺著，惟獨臉部還是會保持抬高，並且會活動耳朵；或是趴著時，前腳往前伸而不收起來，好讓自己能夠立刻站起來。

🐾 稍微伸展前後腳地睡覺

身體側面貼在地上，伸出前腳和後腳般地睡覺。在氣溫上，不會太熱也不會太冷。雖然比不上打開身體、露出肚子睡覺的姿勢，但仍然是安心的睡姿。警戒心較強的貓，即使是將腳伸展開來睡覺，頭還是會放在前腳上面等處，以便能夠立刻抬頭瞭望周圍的狀態。頭的位置越高，就是牠越警戒的証明。

露出肚子，伸展全身地睡覺

這是只見於飼養的寵物貓，完全安心的睡姿。即使將重要部位的肚子完全露出，也沒有任何不安的放鬆狀態。當屋內很熱時，也會打開身體，以求散發體熱。

拱背屈腳坐睡

因為這個姿勢和香道的箱子很像，所以被稱為「香箱座」。由於是將前腳折疊收在身體下方，無法立即逃走，因此可說是放鬆時的姿勢。即使是野貓，處於安心狀態時，也會出現這種拱背屈腳坐著休息的姿勢。

or 稍微安心 ⋯⋯ 安心 or 酷熱

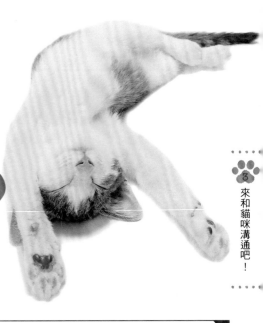

來和貓咪溝通吧！

同胎的幼貓，寒冷時會聚集在一起睡覺，以彼此的體溫取暖。熱的時候似乎也不會相互離得太遠，大多在旁邊睡覺。此外，不知什麼原因，經常可以看到全部都以相同姿勢睡覺的模樣。

CHECK!

大約幾度的氣溫會讓睡姿出現變化？

22℃以上

15℃以下

出身於沙漠的貓非常怕冷。在人類並不覺得那麼冷的15℃左右的氣溫，可以看到牠蜷縮睡覺的姿勢。15℃～22℃左右是貓的適溫。氣溫越溫暖，身體就會越加鬆弛。在可以安心的場所，一旦氣溫超過22℃，就會出現全身伸展開來放鬆的睡姿。順帶一提的是，在又熱又無法安心的地方睡覺時，牠們就會移動到更高的地方睡覺。

貓咪的心情事典

和自己一起生活的愛貓不可思議的行動，身為飼主難免會在意。
在此將告訴你貓咪常見的行動中所隱藏的心情祕密。
請理解愛貓的心情，和牠成為更親密的朋友吧！

為什麼會在半夜大肆活動？

剛剛明明還安詳地睡覺，怎麼半夜會突然暴衝起來，或是開始玩起打架的遊戲……你是否曾經有過被愛貓的騷動聲吵醒的經驗呢？雖然會緊張「到底發生什麼事了？」，但其實不用擔心。貓本來就是夜行性的動物，對野貓來說，夜晚就是外出狩獵的時間。即便是不需要狩獵的寵物貓，這種生物時鐘仍然刻印在體內，因此一到了晚上就會坐立難安，必須要將精力發洩掉才行。

也就是說，半夜大肆活動就是生物時鐘正常作用的証明。看到四處跑動的愛貓，就可以知道牠是充滿活力、健康良好的。對人來說或許是有點傷腦筋，不過還是讓牠盡興地跑動吧！可以的話，不妨用逗貓棒陪牠玩一下，讓牠盡情體會夜間狩獵的氣氛吧！

故意躺在報紙上面要人注意自己！雖然飼主可能會覺得「真礙事！」，不過還是請把它想成是貓咪特有的愛情表現吧！

故意坐到報紙上，是來找碴的嗎？

當人正在看報紙時，貓咪有時就會走過來坐在上面或是躺在上面。那是因為牠想吸引正在專心看報紙的飼主的注意力。因為牠的心情是「明明每次都會陪我玩的，現在怎麼不理我了？」，絕對不是故意要去妨礙你的，所以就原諒牠吧！

（對）牠說話會回答，是因為牠聽得懂的關係嗎？

用溫柔的語調對愛貓説話，牠有時就會「喵」地回答。「我家的貓咪聽得懂我説的話。」——飼主會這麼想的心情雖然不難理解，但可惜的是，貓是不可能理解話中的內容的。牠之所以會有反應，是因為那種溫柔的説話語調讓牠覺得很舒服，不由得才會發出「喵」的聲音。請試著對牠説説政治經濟、數學方程式等艱難的話題看看，就算是跟牠講連人都不太能理解的深奧話題，牠應該也會「喵、喵」地隨聲附和。

貓咪的心情也會表現在尾巴上。豎立尾巴，正是愛情的表現。

（為）什麼會去拍打靜止不動的吸塵器？

會發出不屬於自然界的聲音、做出不規則動作的吸塵器，對貓來説是無法理解的可怕物體。飼主一開動吸塵器，就忙著一溜煙逃走的貓大概很多吧！不過，也有貓會對靜止不動的吸塵器顯得非常積極，可能會以貓拳進行攻擊，或是在吸塵器周圍鬼鬼祟祟地走來走去……這就是牠心想「這傢伙到底是什麼東西？」等充滿興趣的表現。或許牠是想著「打打看，説不定會動」而對它出手的吧！

（豎）立尾巴走近時，是怎樣的心情？

當愛貓要求吃飯或是想要你逗弄牠時，尾巴就會豎立起來。這個時候的貓咪是幼貓的心情。這是因為當幼貓排洩時，會立起尾巴讓母貓幫牠舔舐，而這種感覺很舒服，所以牠就會記得「豎立尾巴是件舒服的事」。由於有這個印象的關係，貓咪對於感覺親密的對象，就會豎立尾巴走近。這時，不妨就儘量讓牠撒嬌吧！

過來摩擦身體是愛情的表現嗎？

貓有時候會對人撒嬌地靠過來，摩擦身體的各個部位。這對飼主來說是非常愉快的瞬間，但實際上，這卻是牠要標註自己氣味的行為。對傢俱等也會做出同樣的動作。這是所謂的記號行為之一，在自己的地盤內做記號，會讓牠感到安心。也就是說，牠是想要宣示飼主是「屬於我的東西」。

該氣味是來自於名為「臭腺」的分泌腺。貓的身體各處都有臭腺，可以產生氣味物質。頭部和臉頰的臭腺主要是用在肌膚接觸上，是表示愛情的証明。當貓咪過來摩擦你時，不妨也摸摸牠，將自己的氣味也沾附到牠身上吧！可以更進一步加深你們的信賴關係哦！

把頭頂過來，或是用臉頰磨磨蹭蹭，是因為想將自己的氣味沾附到飼主身上的關係。

為什麼一進浴室或廁所，貓就會跟過來？

平常大多關著門的廁所和浴室，對於地盤意識強烈的貓來說是非常好奇的場所。因此，在飼主開門的瞬間就會跟著一起進去做檢查。雖然很想認為牠是「自己待在外面會寂寞」，但其實卻不是這麼回事。

此外，流動的水也會引起貓的興趣。就像有的貓會去碰觸廁所洗手用的水，或是會站在浴缸的蓋子上看飼主洗澡一樣。本來貓是不喜歡被水弄濕身體的，不過好奇心一旦戰勝恐懼，就會出現這種大膽的行為。

為什麼牠想喝從水龍頭滴下來的水？

不喝裝在碗裡的水，而想舔從水龍頭落下來的水滴；甚至有些貓會出聲央求飼主開水龍頭。「為什麼這麼想喝這裡的水呢？」其實是有原因的。那是因為貓對閃閃發光地流出來的水很有興趣。或許牠是看著流出來的水，在伸手玩的當中，才發現那是可以喝的東西吧！與其說是口渴才去喝的，倒不如說牠是想用流動的水來玩遊戲。

理毛也是可以讓心情穩定下來的行為。但是過度進行時，可能是抱有精神壓力，要注意。

為什麼跳躍失敗就會舔身體呢？

朝向高處奮力一跳！不過，就算是運動神經極佳的貓，偶爾也會失敗。這時，你是否曾經看過貓咪舔舐身體呢？看起來很像是在舔舐疼痛的傷口，也很像是要掩飾跳躍失敗的樣子，但其實牠是想藉此讓心情平靜下來。理毛原本是為了將身體弄乾淨的行為，但也可以獲得安心感，因此，一旦感受到精神壓力，也可能會出現過度舔舐身體的行為。

本來以為會成功的跳躍萬一失敗了，對貓來說就會成為一種精神壓力，也會讓心情變得不安。也或許是牠想先舔舔身體讓自己冷靜下來，想要再次挑戰吧！

為什麼會揉按棉被和人的身體呢？

有時候貓咪會渾然忘我地揉按軟綿綿的被子或是飼主的身體。這個時候的牠是幼貓的心情，牠正想起用前腳揉按母貓的乳房，讓奶水更容易流出以便吸吮的幼貓時代，沉浸在幸福的氛圍中。

有些貓經常會做這種行為，也有些貓完全不做。據說這和斷奶時期有關係，一般認為常見於太早被迫和母貓分離的貓咪。有些貓甚至會把毯子或飼主身體的一部分視為母貓的乳房而忘我地吸吮。這時就是牠想撒嬌的時候，所以請飼主代替母貓，給牠滿滿的愛吧！

幼貓用前腳揉按母貓的乳房，可以讓奶水更容易泌出。這種行為，即使長大後依然會出現。

為什麼會喜歡高的地方？

貓對休息的場所、睡覺的地方是很講究的。野生時代的貓具有在樹上等高處休息的習性。因為在高處可以瞭望周圍的情況，萬一敵人來襲時也比較容易察覺，可以安心地休息。因為還留有這種習性的關係，所以現代的貓仍然喜歡待在傢俱上面等高的地方。

室內飼養時，雖然不會曝露在那樣的危險中，但是確保愛貓有可以安心休息的場所卻是必須的。家中如果沒有貓可以爬上的高處，不妨為牠設置貓跳台等，不但可作為上下運動的空間，也可消除運動不足的問題。

一回家就有愛貓相迎，真是讓人高興。

建議在牆壁上為牠設置貓走道。設置成有某種程度的高低落差，好讓牠能往上跳到高處。

一回到家，貓咪就在玄關迎接。是因為牠預料到我會回家嗎？

一打開玄關，愛貓早就等在哪裡，彷彿早已知道你要回家一樣。這種讓人以為是「預知能力」般的行動，其實是來自於貓咪優異的聽力。聽力好的貓，能聽出你走近家的腳步聲和車子的引擎聲。在你打開玄關前，牠就已經察覺你要回來了，所以早早就在玄關等你了。反之，當牠聽出是不喜歡的人的腳步聲時，也可能會跑去躲起來。貓咪的耳朵就是如此可怕的「順風耳」。

嘆氣是因為心情低落嗎？

人在遇上厭煩的事或憂鬱的時候就會嘆氣，但貓的嘆氣卻全然不是這麼回事，所以不需要替牠擔心「是不是有什麼煩心的事？」。貓嘆氣的時刻，通常是在對某事集中心力之後。例如一個勁兒地理毛後，或是緊盯著會動的物體一段時間後，就會嘆氣。也就是說，就像是因為過度集中而忘了呼吸一樣。因為是從小小的鼻孔吐氣的，所以聲音聽起來很大聲，令人感到擔心，不過那並不是因為情緒低落的關係。

為什麼會突然咬人一口呢？

明明什麼都沒做，卻突然被愛貓咬了一口，著實會讓人嚇一大跳。或許有些人會覺得「被貓咪襲擊了」而大受打擊，不過，貓並不是因為討厭你而咬你的，只是想找你玩而已。幼貓找兄弟姊妹玩的時候，會輕輕咬對方，而對方也會加以回應，開始玩起打架遊戲。所以說，咬飼主的貓，只是想玩打架遊戲而已。如果因而責罵牠的話，牠就太可憐了。請注意避免受傷地陪牠玩打架遊戲吧！

為什麼硬要擠進小籃子或箱子裡？

對於野生時代將樹洞或岩洞作為睡鋪的貓來說，又窄又暗的場所是能夠沉靜下來的空間。因為有這種習性，所以寵物貓也很喜歡進去籃子或箱子等狹窄的空間裡。就算飼主覺得「這種大小，進不去吧？」但貓咪卻能發揮天生的柔軟性，出人意料地順利將自己裝進去，看著還真覺得好笑。

還有，即使長大後，有時還是會想進入幼貓時代使用過的小籃子或是箱子裡。這也是一樣，因為沒有察覺到自己成長後身體變大的事實，單純地認定「以前進去過，所以應該進得去」。明明不管怎麼看身體都會露出來，似乎非常狹窄，偏偏牠老是認為剛剛好而跑進去，讓人不禁想發笑。

「在更寬敞的地方睡不就好了！」──雖然心裡這麼想，但貓咪就是喜歡這種地方。就讓牠靜靜待著吧！

以憂鬱的感覺緊盯著窗外遠眺的貓咪……雖然覺得在意，但其實不用擔心。

為什麼我一打噴嚏，牠就會叫？

飼主一打噴嚏，貓咪就會「喵嗚」叫。當然，對貓咪來說，牠並不明白那是打噴嚏，所以牠並不是在為你擔心。牠只是被平常很少聽見的聲音嚇了一跳，在「什麼？發生什麼事了？」的心境下，不由得叫出聲而已。

另一種說法，認為打噴嚏的聲音對貓咪來說，感覺上就像是狗吠聲一樣。這種像破裂般的聲音對貓咪來說是不愉快的，而且竟然是由飼主發出來的，所以牠會感到不安和警戒。打噴嚏的時候，還是用手掩口，降低音量吧！

為什麼總是目不轉睛地注視著窗外？

看到貓咪目不轉睛地遠眺著窗外，應該有不少飼主會不安地想著「家裡是不是太無聊了呢？」不過請安心，牠並不是因為想去外面才眺望窗外的。貓是會建立地盤生存的動物，對室內飼養的貓咪來說，外面的世界是在行動範圍之外。牠只是在觀察有沒有侵入者進入自己的地盤而已。

此外，窗外也有很多會引起貓咪興趣的事物，像是小鳥或蟲子等。牠可能只是在緊盯著這些會做出有趣動作的物體而已。不管怎麼說，牠都不是因為嚮往外面的世界才眺望的，請不要覺得可憐，而養成讓牠到外面去的習慣。

旅行回家後，愛貓為何都不理我？

出去旅行回來後，愛貓的態度卻顯得冷淡。「難道是在氣我把牠丟在家裡？」——身為飼主難免會如此擔心。其實，貓本來就是單獨生活的動物，就算飼主不在，牠也不會感到「寂寞」。只是因為不喜歡生活出現變化，所以對於飼主突然不見、又突然出現的情況不知該如何是好，無法立刻表現出像以前那樣的態度而已。很快就可以恢復到像以前的關係，請安心。

總之能鑽的地方就要鑽鑽看，檢查一下舒適度。就算地方狹窄也沒關係，就是要鑽進去看看。

為什麼只要看到有袋子，就會想要鑽進去？

好奇心強烈的貓，只要看到可以鑽進去的地方，不管是什麼樣的地方都會想要鑽進去。紙袋、塑膠袋、小小的隙縫等，硬是要進入其中的貓咪大概很多吧！這是野生時代所留下來的習性。因為對於經常與危險為鄰的野貓來說，隨時確保能夠隱藏的場所，是生存下去的必要條件。因此，不管看到什麼，總之先試著鑽鑽看——這就是貓的習性。進入裡面加以確認，只要知道該處是安全的場所，就表示又增加一處睡鋪，對牠而言就會是一種安心材料。紙袋和塑膠袋因為會發出沙沙的聲音，更會引起貓咪的興趣。

為什麼會撲向沒有任何東西的牆壁呢？

可能是牆上有人類看不見的小蟲子等，牠才會飛撲過去。此外，貓有時也會將牆壁上的污漬或光影等視為獵物，發揮想像力來玩遊戲。尤其是幼貓最喜歡自己玩了，對於各種東西都會很有興趣地當做玩具；就算沒有任何東西，也會假裝在追逐什麼地遊戲。不過，自己玩通常不久就膩了，還是由飼主陪牠玩各種不同的遊戲吧！

可以自己玩是拜貓咪的想像力之賜。這顯示了高度的智能。

對著食物做出撥沙動作，是對伙食不滿意嗎？

有些貓會對食物做出撥沙動作。那種快速撥動、似乎要把餐碗打翻的模樣，看起來就像在控訴「我不想吃這種東西！」一樣。

不過，並不需要擔心。這種撥沙的行為，並不是因為牠對食物不滿，只是單純的現在不想吃而已。就像人類也有食慾的起伏般，貓也有「總覺得不想吃東西」的日子。野生時代的貓為了方便日後肚子餓時食用，具有將剩餘的食物用沙子掩埋起來的習性；而現代的貓仍然保有這種習性，所以才會對食物做出撥沙的動作。當然，因為家裡並沒有沙子，所以也埋不起來……

雖然每隻貓對飼料的好惡各不相同，不過撥沙卻不是因為「不喜歡」。並不需要改變不同的飼料！

看到好像睡得很舒服的貓咪，連人都變得想睡了。只是，夢話和身體的抽動還是很讓人在意。

貓咪也會做夢、說夢話嗎？

貓和人類一樣，會在睡眠中交互重覆REM睡眠（淺睡，腦部清醒的狀態）和非REM睡眠（深睡）。只不過，貓和人類不同的是，牠們睡眠的絕大部分都是REM睡眠。牠們會反覆著30～60分鐘的REM睡眠和6～7分鐘的非REM睡眠。雖然貓咪一天大部分的時間都在睡覺，但真正「熟睡」的時間其實是很少的。

人類在REM睡眠時會做夢，一般認為貓也會做夢。這個時候，可能會有四肢或鬍鬚抽動，或是說夢話的情形。雖然不知道牠做了什麼樣的夢，但或許是夢見捉到獵物，或是和飼主玩遊戲等等快樂的夢吧！還真想問問牠呢！

為什麼才剛清完便盆，牠就馬上進去小便呢？

　　好不容易清完便盆，整理得乾乾淨淨的，愛貓馬上進去小便，對飼主來說就好像做白工一樣。不過，貓當然不是故意要惹你不高興，只是對沒有自己味道的廁所感到不安，想要附上氣味來讓自己安心而已。甚至有些貓會躺在便盆的貓砂上摩擦身體，這樣的行為也是為了要抹上味道。

　　從這種行為可以知道，貓對廁所是非常執著的。如果不喜歡，可能會忍著不上廁所而導致生病，或是在便盆以外的場所大小便，請特別注意。

好不容易清乾淨了，卻馬上跑進去小便……
貓咪並沒有惡意，所以也拿牠沒辦法。

為什麼在如廁前後會到處跑來跑去？

　　貓在野生時代，都是在巡邏地盤的途中上廁所的。一般認為該習性仍然殘留著，所以會在到處跑動之後上廁所。還有，在野生狀態下，如廁時是很容易遭受敵人襲擊的時候，所以必須有相當的能量。在如廁前會藉由猛衝來提高「要做了喲！」的幹勁，而在如廁後則會一溜煙地跑掉──這種模式，現代的貓也依然保留著。

帶著捉到的蟲子過來，是在炫耀嗎？

　　看到愛貓帶著小鳥或蟲子等回來，大部分的人應該都會心想「別拿過來！」吧！雖然愛貓自信滿滿地展示獵物，可是對人類來說卻是很傷腦筋的舉動。特意拿給人看，是想要得到稱讚嗎？答案是「NO」。因為讓你看獵物，是要教導你「就是這樣打獵的喲！」。從貓的觀點來看，無法自行狩獵的人類還無法獨當一面，所以當牠帶著半死不活的獵物回來，就是在催促你「快殺了牠看看」。這是要教導幼貓狩獵的貓父母所採取的行為，所以牠可能是把你當做自己的孩子了吧!?

貓咪和飼主也會做出貼鼻子的舉動。外出回
來時，請伸出手指試試看。

(貓咪彼此會貼近鼻子，是在做什麼呢？

　　貓咪彼此會貼近鼻子打招呼。不過，要說
那是在做鼻子親親，好像又不是那樣。因為那
只是在嗅聞彼此嘴巴的氣味。分處不同場所的
貓再度碰面時，經常會這樣做，這是要確認同
伴去了哪裡、做了什麼事。這時，雙方就可以
交換情報，就像「啊！你去吃了好吃的東西對
吧！」這樣。

　　即使是對飼主，貓咪也會採取相同的行
為。除了鼻子以外，只要伸出手指等，牠就會
將鼻子湊過來。這時候也是在嗅聞味道，確認
是不是有陌生的氣味。因為比起視覺，貓從嗅
覺中獲得的情報會更多。

(為什麼每次正忙的時候，就會跟在身邊糾纏不休？

　　每次準備出門或是正忙的時候，愛貓就
會跟在身邊團團轉。「都忙不過來了，真傷腦
筋！」──這麼想的人應該很多吧！不過，貓
咪當然不是想要妨礙飼主，只是看到飼主到處
走動的腳，不由得把他看成獵物，想繞著他打
轉而已。也就是說，愛貓只是打開了想玩的開
關罷了。

(哭泣或是不舒服時，貓咪為什麼會過來安慰？

　　當難過得流下眼淚時，愛貓如果靠過來，
飼主難免會認為「牠是過來安慰自己的」。不
過，貓並不知道人正在悲傷這件事。牠只是覺
得「好像和平常不太一樣」，過來加以確認而
已。也有些貓會舔掉飼主的眼淚，不過這只是
牠對淚水有興趣而幫你舔掉而已。身體不適臥
床時也是一樣，牠單純只是因為察覺到情況和
平常不一樣，所以過來身邊而已；在旁邊陪睡
是在告訴你：「今天你就乖乖躺著吧！」。遺
憾的是，牠似乎也不是在為你擔心。不過，只
要愛貓陪在身邊，就很令人高興了。

4

知道了更有趣！
貓咪雜學

貓咪花紋的不可思議，
以及和貓咪有關的傳言真假等等，
讓人不禁想告訴他人的雜學有一大堆！
還有專業攝影師直接傳授的可愛照片拍攝方法等，
內容豐富，讓你更加享受和愛貓共度的生活。

貓咪花紋的不可思議

世界上大概沒有比貓的毛色變化更豐富的動物了。
就算是同胎的手足，顏色和花紋也會完全不同，或是生出有特殊圖案的貓咪……
為什麼會這樣呢？真的很不可思議。在此，就來公開貓咪花紋的祕密吧！

1 同胎手足也不一定會長成相同的花紋！

　　因為是一起出生的，所以理應長成相同的顏色和花紋，但事實卻未必如此。

　　貓的被毛顏色和花紋，是由繼承自父母親的遺傳因子的組合來決定的。對貓來說，即使是同胎手足，也是來自於不同的卵子，所以不會因為是同胎手足，就會像同卵雙胞胎那樣擁有完全相同的遺傳因子。與顏色和花紋相關的遺傳因子有20個以上，繼承了不同的遺傳因子，顏色和花紋也會各不相同。

　　還有，母貓和不同的公貓交配，竟然可以同時懷有不同父親的寶寶！若是同母異父的手足，所繼承的遺傳因子差異就更大了。所以就算幼貓的顏色和花紋不同，也沒什麼好奇怪的。

就算是一起出生的兄弟姊妹，毛色和花紋也都有自己的原創性。好像各自發揮自己的特色般，真是有趣。

2 公的三色貓非常罕見！

貓和人類一樣，在X和Y這2種性染色體中，有2條X就會生出母的，X和Y各有1條則會生出公的。而會讓毛色呈現褐色的遺傳因子和呈現黑色的遺傳因子，是分別在不同的X上，並不在Y上，因此，白底加入褐、黑兩色的三色貓，只會發生在具有2個X的母貓身上。

即使如此，還是有微乎其微的機會可能生出公的三色貓，這種情形就可能是擁有XXY染色體。

一般認為公三色貓的出生機率是3萬分之1。如果看到公的三色貓，真的非常幸運。

三色貓也是船的守護神

公的三色貓因為數量非常少，所以非常珍貴。很久以前，在日本就被信奉為船的守護神。

3 只有幼貓時期才有的花紋？

沙特爾貓

幼貓時曾經出現的花紋，長成成貓後可能會完全消失。這也是遺傳因子的惡作劇，被稱為「ghost marking」的現象。俄羅斯藍貓、沙特爾貓、波斯貓等，也可能僅在幼貓時期會出現淡淡的條紋。貓以外的動物也會出現這種現象，例如大家熟悉的山豬，仔豬身上有條紋，但成豬身上就沒有。

淡淡的條紋？

4 有些貓的花紋好像穿了襪子一樣……

貓的花紋是由遺傳因子複雜的組合所決定的，因此只要不是特定的純血種，就連專家也很難預測。不過，花紋的表現方式有幾個法則，其中之一就是顏色會從上方好像滴落的顏料般，依照頭部、背部、腹部、腳的順序染上。背部白色而腹部黑色的貓是不存在的。回到正題，有些貓咪就好像穿著襪子般，只有腳是白色的，也就是往下滴落的顏料色彩剛好停在腳上的狀態。因為只有腳尖仍然是白色的，所以就形成了彷彿穿上白襪的花紋。

白色襪子

世界上最有名的襪子貓

美國的柯林頓前總統所飼養的貓「Socks」，大概是世界上最有名的襪子貓吧！當牠在推測年齡18歲時死亡的時候，消息傳遍了全世界。

5 只有身體末端有顏色的貓是怎麼回事？

說到暹邏貓的魅力，就在於耳朵、臉部、腳尖和尾巴末端的重點色。但其實剛出生的小貓全身都是白色的，隨著成長，顏色就會一點一點顯現，變成大家熟悉的模樣。這和體溫有關。暹邏貓的被毛色素具有溫度一低就會變黑的特徵，所以剛從母貓溫暖的肚子出生時是全白色的；不久後，身體末端體溫較低的部分就會漸漸帶有黑色。此外，一般認為在寒冷的環境下生活，或是年紀較大而體溫下降的暹邏貓，則會全身都會帶有黑色。

不只是暹邏貓，喜馬拉雅貓也有重點色。

暹邏貓

6　被毛下的皮膚也有花紋！

　　貓的膚色和表面的毛色與花紋大致差不多。就像從粉紅色的皮膚會長出泛白的毛，從奶油色的皮膚會長出帶褐色的毛，從灰色的皮膚會長出黑色的毛一般，長出的毛色會依皮膚的顏色而有不同。如果是身上有條紋的貓，皮膚上也會有條紋圖樣。

　　我們當然不能剃光貓毛來加以確認，不過只要觀察因無毛而聞名的「斯芬克斯貓」，就可以一目瞭然皮膚的顏色和花紋了。

7　長了小鬍子的貓是怎麼回事？

　　好像貼著假鬍子般的有趣圖案。鼻子周圍和頭上是容易出現顏色的部分，所以也會發生「就像鬍子般只有鼻子周圍是黑色的」或是「就像瀏海般只有頭上是黑色的」的情形。因為臉部圖案而各具特色的貓咪們，真是百看不厭呢！

斯芬克斯貓

8　貓的花紋本來只有一種而已！

　　現在的貓有各種不同的顏色和花紋，但最初其實只有一種花紋而已，那就是如左圖般的褐色系條紋。對於原本生活在沙漠中的貓來說，那是要隱藏或狩獵時不會引起注意的保護色。雖然因突變而產生了全白的貓，但是在自然界中卻會因為過於顯眼而遭到自然淘汰。直到被人類飼養之後，才增加了各種不同的顏色和花紋。

全部都是第一名

被全世界人們所喜愛的貓咪。其中也有大到令人驚訝的貓、
生下超多寶寶的貓、長壽的貓等等。每一個都顛覆了「貓」的常識，
留下驚人的記錄。在此要為各位介紹貓咪的世界第一紀錄！！

體重21.3kg！
移動方法是手推車

　　飼養於澳大利亞的公虎斑貓「希米」，體重有21.3kg。據說因為過重，飼主必須讓牠乘坐在手推車上才能移動。

長達122cm的貓。
腳的大小也有21cm！？

　　住在美國伊利諾州的緬因貓「雷歐奈帝‧理察布萊特」，從鼻尖到尾巴末端竟然有122cm！腳也很大，20～21cm的童鞋竟然剛好合腳。喜歡的食物是藍黴起司，似乎在各方面都和一般的貓咪大相逕庭。

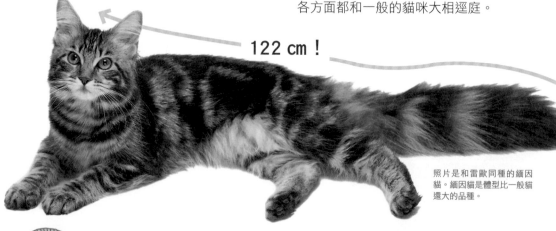

122 cm！

照片是和雷歐同種的緬因貓。緬因貓是體型比一般貓還大的品種。

長壽世界第一！
2隻活到34歲的長壽貓

　　生活在英國的公虎斑貓「瑪」和美國的「老雷克斯‧亞倫」，2隻都很長壽地活到了34歲。從貓咪的平均壽命來看，是很驚人的記錄。

生產可是很累的～

尾巴的長度　達到40.6cm的長尾巴！

住在美國密西根州的貓咪「法包爾」在2001年3月21日測量時，據說尾巴的長度竟然有40.6cm。

40.6cm！

多產　一生共生下420隻小貓的勇敢媽媽

住在美國的虎斑貓「達絲蒂」在15年間共生下了420隻小貓。平均每年生下28隻。此外，在英國也有一次產下19隻小貓的貓。乳頭的數量根本不夠呢！

好厲害！

19 cm！

鬍鬚的長度　驚人的長度！鬍鬚長達19cm的緬因貓

住在芬蘭、名為「滿月・美國派小姐」的緬因貓，據說鬍鬚的長度有19cm。同樣住在芬蘭的緬因貓「明果」也有17.4cm。芬蘭的緬因貓全都有長鬍鬚嗎？

※ 本紀錄為書籍製作當時的紀錄，現在有些紀錄已有更新。
此外，照片並非創下紀錄的貓咪。

貓咪的原來如此雜學集

即使就生活在我們身邊，貓咪依然隱藏著許多令人驚訝的祕密。
在此介紹種種愛貓人必讀的雜學，絕對都是讓你迫不及待想告訴他人的事。
說不定還會稍微改變你至今對貓咪的印象喔！

1 流浪貓的夜間集會是為了什麼？

你曾經在夜間的停車場或公園、空地等看過數隻貓咪聚集的「夜間集會」嗎？隨著黃昏的到來，不知從何而來的貓咪們聚集在一起，靜靜過了數小時後，又逐漸散去的奇妙集會。一般認為這是地區的貓咪們進行確認和交流的場合。牠們平常都有自己的地盤，習慣單獨行動；不過，在有限的區域中，彼此共有地盤、和平共存是有必要的。集會可以説是露臉的機會，似乎可以藉此得知彼此的存在並保持地區的平穩。

貓咪可愛的蹠球。當那裡濕潤潮溼時，就是流汗的証明。

2 全身上下會流汗的地方只有蹠球而已！

和全身都有汗腺的人類不同，貓的身體除了蹠球之外並沒有汗腺。因此，貓全身上下只有蹠球會流汗。

雖說如此，但並不意味著牠們在暑熱的日子裡就會從蹠球滴滴答答地流汗。貓只在緊張的時候會流汗。人類也一樣，一緊張手掌就開始冒汗。被汗溼潤的蹠球具有止滑的作用，以便貓在圍牆等又高又易滑的地方也能好好行走。此外，貓的腳趾間有臭腺，用蹠球碰觸後便可留下氣味來做記號。

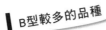

B型較多的品種

 異國短毛貓　 波斯貓

 阿比西尼亞貓

3　貓的血型中沒有O型

和人類有血型一樣，貓也有血型。貓的血型有A型、B型、AB型3種，並沒有O型。最多的是A型，佔全體的80%左右；其次是B型，大約有15%。阿比西尼亞貓和波斯貓等品種以B型最常見。AB型比較罕見，只有5%左右。

4　「貓愛吃魚」只有在日本？

在日本，一說到貓喜歡的東西，大家就會想到「魚」；不過在世界上，喜歡吃魚的貓似乎只算是少數派。

貓對食物的喜愛會受到幼時飲食習慣的影響。一般認為，日本的貓喜歡吃魚，是因為自古以來日本人就經常吃魚，而且也讓貓吃魚之故。

貓原本是住在沙漠裡的肉食動物，比起魚類，牠的獵物是以陸上動物居多，所以牠喜歡吃的是其實應該是肉才對。

5　幼貓都有自己專用的乳頭!?

剛出生的幼貓眼睛還看不見，得藉由氣味和觸感來找尋媽媽的乳房。不過，生下來2～3天後，幼貓們就會決定自己專用的乳頭，總是從同一個乳頭吸奶。牠們會藉由氣味和舌頭的觸感來分辨屬於自己的乳頭，因此兄弟姊妹們不需相爭就能喝飽奶水。像這樣獨佔專用乳頭的行為會一直持續到出生後2個禮拜左右，之後才漸漸不再如此。

6 貓也能模糊地分辨顏色！？

貓也能看見顏色。只不過，牠感知顏色的視細胞只有人類的5分之1，所以一般認為牠能看到的並不是鮮明的顏色，而是模糊的顏色。此外，紅色對貓來說幾乎是無法辨識的。與其說貓的視覺比人類還差，倒不如說牠們的眼睛構造是以能在黑暗中視物的能力為優先考量。

五顏六色的玩具和貓咪一點關係也沒有！？比起分辨顏色的能力，牠們的動態視力和在黑暗中視物的能力更為優異。

7 白毛藍眼的貓耳朵聽不見？

白毛藍眼的貓可能會有聽覺障礙，原因是「色素欠缺」。毛為白色，眼睛呈藍色，就是因為色素不足的關係。對貓來說，引起色素缺乏的遺傳因子也會影響耳朵的機能。一眼為藍色，另一眼為黃色的貓稱為「odd-eyes」，雙色眼的貓咪，藍眼側的耳朵可能會聽不見。

8 跟狗狗和倉鼠也可以變成好朋友！

狗和貓通常給人彼此敵對的印象，貓和倉鼠一般也是捕食者和獵物的關係。不過，出生後滿3個月前的幼貓比較容易接受遇見的事物，所以如果能讓牠們在幼小時一起度過，就有可能成為好朋友。只不過，貓有狩獵的本能，即使和倉鼠感情很好，也可能一時啟動狩獵本能的開關而加以攻擊，所以絕對不能疏忽大意。

9　為什麼貓的日文是「NEKO」？

　　有幾種說法。因為以前是用「NEUNEU」來表現貓的叫聲，所以這樣叫的動物就叫做「NEKO」。還有因為老是在睡，所以叫做「寢子（NEKO）」，以及會捉老鼠（NEZUMI）等等。在長野縣，認為貓對獵物的愛好會因出生的季節而異，春天出生的貓會捉蝴蝶（CHOU），因此也有「CHOKO」的說法。

最近雖然越來越少了，但在日本，一說到貓咪的名字，依舊非「TAMA」莫屬。動漫《蠑螺小姐》家中的貓也叫「TAMA」。順帶一提的是，近來「桃子（MOMO）」、「櫻花（SAKURA）」、「天空（SORA）」、「雷歐（REO）」等名字似乎也很受歡迎。

10　為什麼很多貓都取名為「TAMA」？

　　以古以來，在日本一說到貓的名字，就是「TAMA」了。名字的由來雖然不明確，不過有幾種說法。因為貓自古就被認為具有靈力，所以由「魂、靈（日文為TAMA）」之意而取名為「TAMA」。還有一說，認為「玉（日文為TAMA）」有可愛、美麗的含意，因此是在極為喜愛的情況下才取為此名的。除此之外，還有蜷縮睡覺的姿態讓人聯想到「玉（圓球）」、會鬧著「玉（圓球）」玩等等說法。

11　招財貓的由來是？

　　說到日本的貓商品，就是招財貓了。這種彷彿是要叫人過來般，擺出舉起一隻腳的姿勢的裝飾物，也是生意興隆的象徵。招財貓起源於江戶時代，在數個說法中，最有名的是位於東京都‧世田谷豪德寺的TAMA說。經過豪德寺的彥根藩主井伊直孝，被寺廟飼養的貓咪TAMA招來而進入寺中，讓寺廟成為井伊家的菩提寺而香火鼎盛。直到現在，豪德寺中仍然祭祀著「招貓觀音」。

福氣喲，來呀！來呀！

真相大調查

貓咪傳說的真假

貓自古以來就和人類一起生活,甚至在《枕草子》和《源氏物語》中也有登場。
不過另一方面,貓也被當成了神祕的存在,產生了各種傳言。
這些圍繞著貓咪的傳說是真還是假?讓我們一起來探索真相吧!

一洗臉就會下雨?

 或許是真的?

　　貓洗臉是為了要清潔臉部和鬍鬚。對貓來說,鬍鬚是非常重要的雷達,所以要經常整理。快要下雨時,空氣會因含有水分變得濕潤,於是貓的鬍鬚也會感受到濕氣而變得柔軟,貓就會覺得在意而開始洗臉。不過,貓在飯後或是通過骯髒的場所後,為了清除污垢,也經常會洗臉。這個時候就無法說和天氣有關了。

吃了鮑魚就會掉耳朵?

 其實是真的。

　　這主要是在日本東北地方流傳的傳言,實際上卻是有科學根據的。貓如果吃了鮑魚,鮑魚所吃的海藻中所含的物質(葉綠素的分解物「脫鎂葉綠酸鹽」)也會一起進入體內。這種物質具有一照到陽光就會轉變成毒素的性質,曬太陽時可能會引起發炎。貓的身體有被毛覆蓋,陽光無法直接深達皮膚,不過耳朵的被毛較薄,可能會產生潰爛;嚴重時據說甚至會壞死而脫落。

咦?
真的嗎!?

本圖並不是耳朵掉下來的貓咪,而是垂耳的蘇格蘭摺耳貓,請勿見怪。

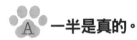的時候會躲起來？

A 一半是真的。

　　動物即使身體不舒服，還是會裝成健康的樣子。因為要是被敵人發現自己虛弱了，就會遭受到攻擊。就算身體再不舒服，貓還是會忍耐，躲在隱蔽的地方休養。很可能就這樣死掉了，所以才會演變成死的時候會躲起來的傳言吧！

活得太長壽　會變成妖怪？

A 只是迷信而已。

　　關於貓咪的可怕傳言什麼都有，當然都只是迷信而已。古代的日本人認為貓如果活太久，就會變成尾巴一分為二、叫做「貓又（貓股）」的妖怪，甚至還有貓的尾巴因此被切斷，真是無妄之災。

怎麼可能！

不喜歡裝水的寶特瓶？

A 毫無根據。

　　在家門口大小便的貓實在令人傷腦筋，因此可以看到為了防貓而將寶特瓶裝水並排放置的人家。不過，這樣做一點效果也沒有。有人認為寶特瓶會反光，所以貓不喜歡，但其實貓很快就會習慣了。相反地，寶特瓶會聚光，有引起火災的危險，還是立刻撤除吧！

黑貓不吉利？

A 只是迷信而已。

　　關於黑貓的傳說，世界各地都有不少。雖然被認為是不幸的象徵，但同時也有許多「看到會變幸運」的傳說為人所知。或許是因為黑貓的神祕模樣特別容易挑動人們的想像吧！既然如此，不妨相信牠是幸運的象徵如何？

真沒禮貌！

有「貓」字

有「貓」字的用詞多得數不清。即使是相同的詞
可用於生活中各種場面的這些語句，

日語篇

【借りてきたネコ】 直譯：借來的貓

指平日總是自以為了不起的人，異於平常地
變得老實溫順的樣子。比喻貓一離開了自己
的地盤就變得膽小。

【ネコかわいがり】 直譯：疼愛貓咪

就像疼愛貓咪般，嬌寵溺愛的樣子。例如
「孫をネコかわいがりする（溺愛孫子）」
等，用來比喻過度溺愛的樣子。

【ネコのひたい】 直譯：貓的額頭

比喻土地等的面積非常狹窄。因為貓的額頭
小到根本看不出來，是強調狹窄的用語。

【ネコババ】 直譯：貓糞

將撿到的東西等偷偷佔為己有後，假裝不知
道的樣子。ババ是指糞便，是從貓咪排便後
撥土掩蓋的行為而來的用語。

【ネコなで声】 直譯：貓被人撫摸時發出的聲音

指貓咪被人撫摸時所發出的溫柔聲音。比喻
有求於人或要討好他人時所使用的諂媚之
聲。

【ネコにカツオブシ】 直譯：叫貓看守柴魚片

這是指危險的事情，或是容易犯錯、不能掉
以輕心的危險狀況。因為讓貓咪看顧牠最喜
歡的柴魚片，隨時都可能會被牠吃掉，是不
能掉以輕心的。

【ネコに小判】 直譯：給貓金幣

比喻不管多有價值的東西，對不懂其價值的
人來說是沒有任何用處的。相同意義的用語
還有「投珠與豚」。

【ネコの恋】 直譯：貓咪的愛情

早春是貓咪的發情期。指一邊四處徘徊地追
求對象，一邊激烈叫春的樣子。是隱含情感
來稱呼該情景的用語，在俳句中為春的季
語。

【ネコの手も借りたい】
直譯：連貓的手都想借來用

忙到連平常沒什麼用處的貓都想借來幫忙，
比喻人手不足到希望誰來幫忙都可以的樣
子。

【ネコまたぎ】 直譯：貓咪跨過不理的魚

這是指就連最喜歡魚的貓都跨過不理的難吃
的魚，或是被吃得一乾二淨、只剩骨頭的魚。
比喻為不被任何人理會的情形。

不是只有貓才有「貓舌」

沒有辦法吃喝熱食，在日語中稱為
「貓舌」。其實會食用加熱食物的只
有人類而已，除了人類之外，所有動
物都是「貓舌」。貓咪之所以會成為
代表，或許是因為我們身邊比較容易
看到貓咪討厭熱食的樣子吧！

的用語辭典

語，也會因為國情不同而有各種不同的解釋。
正是貓咪如此貼近我們生活的證據。

英語篇

【Cat-and-dog】

直譯就是「貓和狗」。從貓和狗經常打架來
比喻交情不好之意。和日語的「犬猿之仲
（死對頭）」意思相同。

【It's raining cats and dogs.】

「像貓和狗一樣」降下來的雨就是傾盆大
雨。這是將貓和狗激烈打架的情況拿來比喻
劇烈降雨的樣子。

【Fat cat】

直譯就是「肥貓」，指大人物或成功者、有
錢人的意思。有時也會用來貶低金錢和權力
在握的人或是暴發戶。

【A cat has nine lives.】

直譯就是「貓有九條命」。因為貓有九條
命，所以不會輕易就死了，比喻頑強之意。
有時也轉而表示執拗的意思。

【Cat after kind, good mouse hunt.】

直譯是「貓本來就很會捉老鼠」。這是指天
生的才能、天生稟性之意。好的意思和壞的
意思都可使用。

【Play cat and mouse with】

「貓和老鼠的遊戲」就是玩弄的意思。來自
於貓捉到老鼠後並不會立刻殺死，而是會先
逗弄玩耍一番。

「鯖柄」用英語也是「鯖柄」

帶有黑色條紋的貓，在日本是比喻
為鯖魚，叫做「鯖柄（鯖魚般的條
紋）」；而在英語中，這種花紋也
叫做「mackerel tabby（如鯖魚般的
條紋）」。東西方都同樣聯想到鯖
魚，真是件非常有趣的事。

【All cats love fish, but fear to wet their paws.】

「貓都愛吃魚，卻怕弄濕爪」是指雖然有想
要的東西，卻不想努力或冒險去得到它。

【Cats hide their claws.】

「貓兒隱其爪」。在日本則是說「有能力的
老鷹會隱藏其爪子」。意思是有能力的人平
常是隱藏起來不賣弄的。

【Let the cat out of the bag.】

「讓貓從袋子裡出來」，指祕密暴露的意
思。這是來自於以前有個人將貓裝入袋中，
正想騙人當做豬來賣時，貓卻從袋子裡跑出
來而事蹟敗露的故事。

【The cat shuts its eyes while it steals cream.】

「貓偷吃奶油時眼睛是閉著的」。知其惡而
為之。是指做壞事時，對罪惡感視而不見的
意思。

可愛照片的拍攝方法

就算心想「想把貓咪可愛的模樣拍成照片！」，但卻很難拍到最佳鏡頭……
請試著用專家傳授的技巧，向拍出滿意的照片挑戰看看吧！
或許可以拍到和以前別有一番風味的照片喔!!　指導／福田豐文

向專家學習高明地
拍攝貓咪照片的方法

　　首先，將相機放在立刻就能取用的地方，以免失去隨時都可能出現的機會。難得愛貓做出可愛的動作，如果這時才去拿相機的話，就會錯失按快門的時機。還有，以往只能拍到愛貓睡姿或是背影的人，不妨用逗貓棒引起牠的興致，一邊試著拍攝看看。這麼一來，要拍出愛貓眼睛看著鏡頭的照片就不會再是夢想了。

因為是飼主，
才能拍攝到最佳鏡頭

當飼主要拍攝愛貓的最佳鏡頭時，有一點壓倒性地比專業攝影師有利，那就是飼主和貓咪在一起的時間長很多。平日就和愛貓一起生活，應該經常可見地做出可愛到不行的表情。當貓咪放鬆、遊戲、做出最佳表情的時候，在牠身旁的正是飼主。請務必向只有飼主才能拍到的「我家愛貓的最佳鏡頭」挑戰看看。

拍攝的重點

1　從低角度拍攝

　　例如，當你幫小孩子拍照時，是蹲低到小孩子的視線高度來拍攝的吧？同樣地，要拍攝貓咪時，也要以貓咪的視線高度來拍攝。也就是說，必須放低身體甚至到趴在地上的程度才行。

以俯趴姿勢拍攝到的照片。
可清楚看到貓咪的視線。

2 不要吝惜按快門

打呵欠的瞬間！

現在大多數的人都是使用數位相機，如果失敗了，可以馬上刪除，所以還是多按幾次快門吧！可能會拍攝到連飼主都預想不到的最佳鏡頭。雖然不是「量重於質」，但是與其只想拍出一張好照片，倒不如多拍幾張，才是拍出最佳鏡頭的捷徑。

總覺得快要打呵欠的表情……

張大嘴巴了，但是還沒有完全張開。

嘴巴張開到最大的瞬間！你喜歡哪張照片呢？

3 使用小東西，呈現別有風味的演出

當愛貓從牠睡覺的籃子裡探出頭的時候，或是正在玩牠最喜歡的玩具的時候……不只是貓咪，將周邊的物品拿來當做小道具進行演出，就能拍出和平常氣氛完全不同的照片。此外，也可以試著在籃子打上蝴蝶結，或是將五顏六色的玩具一起放在愛貓身邊等，作為裝飾品也不錯。

黃色的水果是小小的裝飾品。

4 將背景簡化

背景是洗滌物。也可以使用像這樣的遠鏡頭技巧。

難得拍出愛貓可愛的樣子，背景卻雜亂不堪，真的很可惜！這時，可試著在沙發蓋上一塊布，讓愛貓坐在上面來拍攝，或是將房間整理乾淨後再拍攝。

在部落格上誇耀自家的愛貓

愛貓可愛的模樣，你應該也很想展現給許多人看吧？
現在，刊登愛貓的照片，開始經營部落格的人正急遽增加中。
作法很簡單！你不妨也參考人氣部落格，開始誇耀一下「我家的愛貓最可愛」吧？

試著開始也可以作為
回憶保管場所的貓咪部落格

　　目前正掀起一股空前風潮的貓咪部落格。人氣部落格的貓咪，或許能夠出版寫真集，或是成為代言活動的搶手明星……

　　部落格也可以用來作為保存愛貓照片的地方。有些人雖然不喜歡寫日記，但如果是部落格卻能夠持續下去！就將只存在於自己腦海中、日後可能會忘記的事情寫下來，或許就能永久保存和愛貓之間的回憶也不一定!?有興趣的人，何不開始試試看吧？

拍到可愛的貓咪照片後，應該會想要讓許多人看見吧？

開始部落格的方法

部落格的製作方法非常簡單。不同的部落格平台內容雖有差異，不過基本上依這3個順序就可以完成。

 ### 1 加入部落格平台

免費的部落格有Yahoo部落格或fc2部落格等，非常多種。每一種都各有不同的特色，可以比較看看。

 ### 2 決定樣式

登錄部落格平台後，可以從幾個固定的樣式中選擇設計。因為有很多種樣式，可能會讓你眼花撩亂，但由於之後還可以變更，就輕鬆地決定吧！

 ### 3 上傳記事

之後只要上傳文章即可！請將當天發生的事情和愛貓的照片等放上去吧！寫完後還是可以刪除，就安心地書寫吧！部落格並沒有多久必須更新的規定，依自己的步調更新即可。

部落格的基本

部落格的文章顯示是最新的文章在最上面，次新的文章在下面⋯⋯除此之外，也來看看其他的基本內容吧！

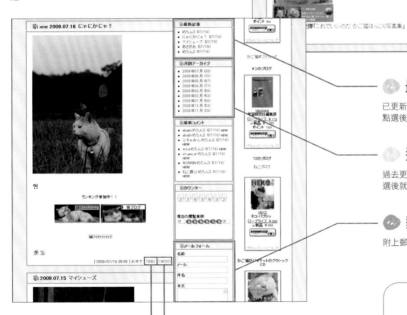

かご猫 Blog

標題

這裡是部落格的標題，會依部落格平台而有差異，有的可以放入愛貓的照片。

日曆

有日曆標示。只要點選書寫部落格的日期，就會跳到該日期發表的文章。

簡介

貓咪的簡介或是管理人（你）的簡介。在貓咪的簡介中也可以敘述他的性格和來到家中的經過。

最新的文章

已更新文章的標題，會從新的文章開始顯現。點選後就可以跳到該文章。

過去的文章

過去更新文章的一覽表。大多以月份區分，點選後就會跳到該月的文章。

郵件

附上郵件的形式，可以直接收到讀者的回音。

Trackback（引用）

指和自己所寫的文章內容相關的其他部落格的文章。當對方貼上連結時，你就會知道。

評論

讀過這篇文章的人寄來的評論。一旦成為人氣部落格，一天可收到幾十件的評論。

本頁的部落格是⋯

かご猫 Blog
http//kagonekoshiro.
blog86.fc2.com/

知道了更有趣！貓咪雜學

4

台灣人氣部落格介紹

（ 貓貓博士夫人 ）

http:////www.wretch.cc/blog/palin88

這是熱愛貓咪及攝影的貓夫人的部落格，除了家裡的愛貓外，也有街貓們的生活照。在貓夫人及各位愛貓志工的努力下，讓原本流浪貓聚集的侯硐（猴硐）成了全台知名的街貓景點。部落格中也有許多侯硐及街貓的相關資訊，大家不妨上去一探究竟。

（ 兩人と三猫の幸せな生活 ）

http://jr228868.pixnet.net/blog

以街貓攝影寫真為主的部落格，在格主巧妙的運鏡下，可以看見街貓們獨特的一面。本部落格也有大力推廣街貓的 TNR 節育計畫，並鼓勵以認養代替購買。另外也有台灣認養地圖、台北市流浪貓保護協會的連結。

（ 與貓相遇 ）

http://blog.sina.com.tw/astraes/

記錄了許多格主在世界各地旅行時相遇的貓咪照片及故事。不管是在英國、德國、捷克還是突尼西亞、羅馬尼亞，都有可愛的貓、高傲的貓、害羞的貓等著與人相遇。一路上有貓為伴的旅程，更加精采難忘。

（ 布丁和布偶貓的生活日記 ）

http://fairydolls.pixnet.net/blog

顧名思義，以布偶貓為主的部落格。格主 Jerry 和 Grace 因為喜歡布偶貓，甚至成立了貓舍。除了有貓咪的成長紀錄外，也有許多關於貓咪的飲食注意事項，以及生活用品、食品、營養補品的使用心得及介紹。

5

注意貓咪的
疾病・受傷

愛貓的健康，必須由飼主來守護。
和動物醫院打交道的方法、身體狀況的分辨方法，
甚至是貓咪容易罹患的疾病等，
對飼主而言不可不知的內容全都匯集於此了。

疫苗和健康檢查

說到貓咪健康管理的基本，就是注射疫苗和健康檢查。
對於就算生病或受傷，自己也無法說出來的貓咪來說，健康檢查是必不可少的。
此外，藉由施打疫苗來確實預防可以預防的疾病，也是很重要的。

藉由定期的健康檢查
來發現貓咪的疾病

愛貓即使生病了，也沒有辦法自己說出來；不僅如此，牠們還會想要隱藏身體的不適。這是因為如果被敵人發現自己虛弱了，就會遭到襲擊，所以在野生的本能驅使下，才會想要加以隱瞞。因此當飼主發現時，疾病往往已經開始惡化了；就連早期發現就能治癒的疾病，大多也已進行到束手無策的狀態。

正因如此，藉由定期的健康檢查以求早期發現疾病是非常重要的。大致說來，7歲以前一年檢查一次，過了7歲成為老貓時則要半年檢查一次。即使愛貓看來很健康的樣子，還是前去接受健康檢查吧！

如果能夠利用健康檢查事先掌握健康時的數值，當身體狀況變差時，就能立刻發現。

有各種不同的檢查項目。
包含費用在內，都可詢問醫師

健康檢查的內容有各種項目，基本上是觸診和聽診。再加上血液檢查，就可提高疾病的發現率。血液檢查的項目非常多，費用依檢查項目而有所不同。此外，也有可做電腦斷層掃瞄或超音波檢查等精密檢查的醫院。不妨和獸醫師商量，來考慮接受哪些檢查吧！

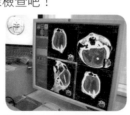

可以看到身體斷層影像的「電腦斷層掃瞄」。惡性腫瘤（癌）的發現率也很高（照片為ELMS PET CLINIC）。

藉由疫苗接種來預防可怕的傳染病

　　右方的疾病，任何一種都是感染後會有生命危險之虞的疾病。不過，如果能先接種疫苗，雖然不能說是100%，但卻是可以預防的。建議你把它當成守護愛貓健康的保險，預先接種。「我家完全是在室內飼養的，所以不會感染傳染病」——這樣的想法並不正確。萬一飼主從外面帶回了病原體，或是隔著窗戶接觸了野貓時，還是會被傳染的。

　　也有些飼主認為「疫苗會對牠的身體造成負擔，所以不想施打」。的確，有極少數的貓咪在接種疫苗後，身體狀況變差了；不過那樣的機率是微乎其微的。或許該說，不施打疫苗，讓愛貓暴露在感染的危險中，要比施打疫苗更加可怕吧！

選擇疫苗的種類，一年接種一次

　　疫苗以能同時預防「貓病毒性鼻支氣管炎」、「貓卡西里病」、「貓泛白血球減少症」的三合一疫苗為基準，有許多種類，而要施打哪些疫苗則全由飼主決定。請考慮費用和想預防的疾病來加以選擇吧！此外，由於疫苗的免疫力約一年就會開始減弱，最好每年接種一次，以提高愛貓的免疫力。

疫苗可預防的疾病

任何一種都是會危及生命的危險疾病。會藉由空氣傳染或是和已感染的貓咪接觸而染病。
＊疾病的詳細說明請參閱P.140～141。

- 貓病毒性鼻支氣管炎
- 貓卡里西病
- 貓披衣菌症
- 貓泛白血球減少症
- 貓白血病
- 貓免疫不全症（貓愛滋）

至少也要進行三合一疫苗的接種。疫苗注射的費用依醫院而異，三合一疫苗平均費用大約是5000～6000日圓。

愛貓的健康要由飼主來守護。建議一定要接受健康檢查和疫苗接種。

不想讓牠繁殖就要進行結紮

如果不接受結紮手術，貓一年中會有好幾次發情期。而在發情期間，
不少特有的行為會讓人束手無策。如果想要小貓就另當別論，
如果不打算繁殖，最好讓牠接受結紮手術，也可以減少疾病的風險。

只要交配就有極高懷孕率的貓的生殖機制

貓的懷孕機制和人類不一樣。貓一年有好幾次的發情期，期間公貓和母貓會拚命尋找交配對象。公貓和母貓一旦相遇交配，母貓就會因為該刺激而排卵，受精的機率超過90％。以如此高的機率懷孕，約2個月後就會生下數隻小貓。如果能夠飼養生下來的小貓，或是可以幫小貓找到願意領養的人就沒問題；如果無法負起該責任，就不能讓牠懷孕。絕對不能不負責任地增加貓咪的數量。

不管是對人還是對貓來說，結紮手術都有優點

那麼，是否只要保證絕對不讓公貓碰見母貓，就可以不用施行結紮手術了？答案是NO。在發情期中，貓會出現大聲鳴叫、對著牆壁撒尿（噴尿）等等對飼主來說極為困擾的行為。在人和貓的共同生活上，發情期的行為會帶來相當大的不便。說到這裡，會讓人覺得好像全是為了人的方便才讓貓接受手術的，但其實對貓來說也有優點，那就是可以減少生殖器官疾病的風險。尤其是未接受結紮手術的母貓，很容易罹患乳腺腫瘤或子宮癌等生殖器官的疾病，藉由施行手術就可以降低該風險。從這些理由來看，還是接受結紮手術比較好。

貓咪平均一胎生4隻小貓。如果能負起責任照顧的話就沒問題，如果不行的話，就絕對不能不負責任地讓小貓出生。
＊未施行結紮手術的母貓容易罹患的乳腺腫瘤的說明在P.143。

發情期的行為

發情期的貓會出現和平常不同的行為。如果出現這些行為，就是發情期到了。母貓也會出現躺在地上扭來扭去的動作。

噴尿

會對著牆壁或是傢俱噴尿，可能會弄得屋裡到處都是尿。這是主張地盤的行為，較常見於公貓，但也可見於母貓。

大聲鳴叫

不管是不是三更半夜，都會用連外面都聽得見的聲音大聲鳴叫。

想要外出

靜不下來，會到處走來走去，很想去外面。脫逃的危險性很大。

打架

公貓會為了爭奪母貓而發生激烈打鬥。也可能會因打架的傷口而傳染疾病。

手術幾乎沒有危險性。請在發情期來臨前施行吧！

　　所謂的結紮手術，公貓是摘除睪丸，母貓則是要摘除子宮和卵巢。這並不是困難的手術，所以幾乎沒有危險。只要事前藉由血液檢查等好好確認健康狀態，應該就不用擔心。

　　如果決定接受手術，以出生後6個月到1歲左右的期間為最佳。出生6個月後，就有熬過手術的體力。還有，不管是公貓還是母貓，大約在1歲左右就會開始發情，只要發情期來過一次，之後即使施行手術，噴尿等行為還是可能會遺留下來，因此最好在發情期來臨前接受手術。最適當的時期也會依貓咪的成長情況等而有所不同，不妨請動物醫院的醫師鑑定一下。

施行結紮手術還有讓性格變穩定的優點。另一方面，也有容易肥胖的缺點，所以飼主要注意多讓牠遊戲，以免發胖。

危險的食物和植物

對人類來說安全的食物或是裝飾起來很漂亮的植物，對貓來說卻充滿了危險。
也可能會危急生命，所以最重要的是不能讓貓吃人類的食物！
裝飾植物時也請確實調查！飼主的充分掌握，和愛貓的安全息息相關。

最好避免給予
人類的食物

　　用餐時，愛貓一旦開口索求，就不由得也想給牠吃；不過在人類的食物中，有很多是貓吃下去就有危險的東西。有的會引起下痢或貧血，有的長年給予會帶來嚴重的疾病，有的甚至會造成死亡。還有，習慣人類食物的味道後，可能會變得開始偷吃東西。最好的做法就是不要給予人類的食物。即使是你認為安全的食品，只要是人類吃的，每一樣都是高鹽分，所以對貓的健康也不好。

裝飾觀葉植物或花卉時，請確認種類是否安全。愛貓改不掉吃植物的習慣時，準備貓草也是個方法。

對貓來說，
有些植物可能含有劇毒

　　和食物同樣需要注意的是植物。對貓來說，危險的植物有很多，如果誤食放置在室內的觀葉植物而引起中毒的話，很可能會攸關生命。在室內裝飾觀葉植物或花卉時請務必充分注意。尤其是百合花，即使貓只碰觸到花粉也有危險。飼主在外面接觸到百合花時，也要確認衣服上是否沾有花粉後再回家。

對於想吃人類食物
的貓要……

不要將食物一直擺在餐桌上。如果愛貓會翻垃圾桶找食物，就更換成附蓋的垃圾桶等，對於想吃人類食物的貓咪採取適當對策吧！

危險的食物和植物

在此介紹代表性的危險食物和植物。由於這裡舉出的東西並不是全部,所以其他的食物和植物也請充分注意。

🐾 蔥類（洋蔥、長蔥、韭菜等）

大量食用時,紅血球會遭到破壞,有引起下痢、嘔吐、發燒、貧血等之虞。加熱也無法消除其毒性,所以漢堡排等加工食品也需注意。可能會致死。

🐾 巧克力

含有對貓有害的咖啡因成分,可能會引起嘔吐、下痢、發燒、痙攣發作、腹痛、血尿、脫水等症狀。嚴重時可能致死。

🐾 帶骨的魚・肉

可能會被骨頭刺到,傷害喉嚨或消化器官。生肉也要注意,裡面可能潛藏著寄生蟲（弓漿蟲等）。

🐾 小魚乾・柴魚片

是貓喜歡的東西,卻含有大量會提高尿道疾病風險的鎂和磷,因此不能過度給予。餵食時,最好給予貓用的不含鹽分的種類。

🐾 牛奶

貓的體內大多沒有可分解牛奶中所含乳糖的酵素,可能會引起下痢。最好給予專用的貓奶。

其他

●烏賊・章魚・蝦子　●礦泉水　●鮮奶油
●酒精　●咖啡・茶　●蟹味棒
●豬肝　●鱷梨　●狗糧

🐾 百合花

百合科的植物是最可怕的植物之一。會引起嘔吐、下痢、脫水症狀、呼吸困難、全身麻痺等,甚至可能死亡。就連只飲用花瓶中的水,也可能會引起中毒。

🐾 茉莉花

由於植物整體所含的成分,會出現運動失調、吞嚥困難、痙攣發作、呼吸肌肉麻痺等症狀。嚴重時甚至會造成死亡,必須注意。

🐾 常春藤

食用後會引起嘔吐、下痢、口渴、腹痛等。接觸時可能會造成皮膚炎。不只是常春藤,黃金葛等蔓性植物也都必須注意。

🐾 聖誕紅

有名的聖誕節植物。聖誕紅也要注意。危險的部位是葉和莖。該處所含的成分可能會引起嘔吐和下痢等症狀。

🐾 繡球花

食用後會出現嘔吐等症狀,大量攝取時會引起痙攣、昏睡、呼吸麻痺等;嚴重時可能會死亡。

其他

●鬱金香　●蘆薈　●瑪格麗特
●三色堇　●杜鵑　●酸漿
●牽牛花　●水仙　●鈴蘭

肥胖是萬病之源

肥胖體型的貓咪，雖然可愛得讓人無法討厭，不過和人類一樣，
肥胖也是造成疾病的原因。而讓愛貓肥胖，飼主要負最大的責任！
請在變成肥貓前改善愛貓的生活，已經肥胖時就讓牠減肥吧！

肥貓急遽增加中！
飼主的意識很重要

　　要讓愛貓變得肥胖還是維持理想體型，全掌握在飼主身上。現在，肥胖貓正不斷增加中，和人類一樣，肥胖已經成為大問題了。一旦體重增加，要減肥就沒那麼容易，所以最重要的還是不要讓牠變胖；而已經變胖的貓，請試著讓牠減肥。「不讓牠盡情地吃，牠就太可憐了！」——這種想法是錯誤的。肥胖是萬病之源，考慮到愛貓將來的健康，還是進行減肥吧！

易胖體質的貓咪？

不管是什麼品種的貓，只要吃太多卻不運動就有變胖之虞。不過，其中也有明明沒吃很多，卻還是容易肥胖的貓。例如，一般認為母貓就比公貓容易肥胖。還有，施行過去勢或避孕手術的貓，也會比手術前容易肥胖。飲食量若和手術前一樣，自然有肥胖之虞。目前市面上有推出結紮手術後用的貓糧，飼主應從貓糧的選擇開始確實地考量，幫助控制愛貓的熱量。

貓咪的肥胖度檢測

貓咪的標準體重，公貓是3～6kg，母貓是3～5kg。但這終究只是大致標準而已，因為每隻貓有個體差異，就算超過這個標準，也不一定就是肥胖。請參考下表，來檢查愛貓是否為理想體型。如果為肥胖的話，就要開始減肥了。

削瘦　從外觀可輕易分辨肋骨和骨盤。頸部很細，從上方看，腰部呈深蜂腰狀；從側面看，脂肪很少，腹部極度凹陷。

稍瘦　能輕易觸摸到脊椎骨和肋骨。從上面看，腰部稍微呈蜂腰狀；從側面看，腹部微微凹陷。

理想體型　可以觸摸到肋骨，但從外觀卻看不出來的狀態。從上面看，可以看到肋骨後方略有腰身；從側面看，腹部僅有一點脂肪。

稍胖　有脂肪，不太容易摸出肋骨和脊椎骨的狀態。從側面看，腹部沒有腰身，一走路就可以看到腹部有點晃動。

肥胖　肋骨和脊椎骨覆蓋著厚厚的脂肪，觸摸也分辨不出形狀。從側面看，肚子渾圓膨脹；從上面看，看不到腰身，一走路腹部就明顯晃動。

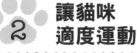
減肥的要領

1 控制熱量

肥胖的原因不管怎麼説就是熱量攝取過多。請根據1歲時的體重，計算出適當的熱量。最好的做法是和動物醫院的醫師商量後，再來決定一天的熱量。也有不需減少分量，仍可控制熱量的貓糧，所以也可以更換貓糧。需注意的是，即使是低熱量，還是要充分攝取營養。

2 讓貓咪適度運動

室內飼養的貓往往運動不足。每天大約30分鐘即可，飼主不妨利用逗貓棒或球等，和愛貓玩遊戲吧！還有，利用貓跳台或傢俱等幫貓咪設置可以自己玩的環境也很重要。

即使是在控制熱量的情況下，也能讓愛貓攝取到必需營養的調整過的動物醫院用製品。請在經常幫貓咪檢查身體的家庭獸醫師的指導下讓牠食用。
<滿腹感SUPPORT 貓用乾糧 >

3 節制零食

貓用的零食大多是高熱量的東西，請盡量不要給予。愛貓想吃的時候，可以給牠減肥用的零食，並且在正餐的飲食中減掉該熱量。

4 讓貓咪慢慢減肥

減肥要慢慢減。大致是以約3個月的時間減掉體重的10%為基準。多花點時間讓愛貓慢慢瘦下來，以免對身體造成負擔。

沒有食慾時請帶往醫院

「我們家的貓很肥，不吃也沒有關係。」——像這樣自我安慰是不行的，因為也有可能是生病了。一旦肥胖，生病的風險也會提高，還是帶去醫院看看吧！

5
注意貓咪的疾病・受傷

及早發現愛貓的不適

能夠守護愛貓健康的只有飼主而已。
當愛貓生病或受傷時，最重要的是身邊的飼主要能及早發現異常變化。
先來知道應該注意哪些地方、什麼樣的狀態是危險的吧！

敏感注意身體的變化，守護愛貓遠離疾病

　　貓即使身體不適，也不會表現出來。但是，只要非常注意地觀察，疾病的徵兆還是會出現在身體的各個部位。及早察覺該變化，帶牠前往醫院接受治療就是飼主的義務。請參考這些項目，每天檢查愛貓的身體吧！觸摸確認也很重要。此外，壓力也會讓貓的身體狀況失調。當找不出原因，身體狀況卻變差，或是出現脫毛現象時，就有可能是精神壓力所造成的。

鼻子

　　流鼻水、呼吸時有聲音、出現皸裂、醒著時鼻頭是乾燥的，都是身體不適的徵兆。

嘴巴

　　有口臭、流口水、牙齦或舌頭泛白或是過紅，都是不適的徵兆。碰觸時顯出怕痛的樣子，就有可能是罹患了口內炎或牙周病（參照P.145）。

耳朵

　　健康的貓耳朵內側是粉紅色的。如果耳垢很多，或是因為耳朵癢而搔撓不停時，就有可能是耳疥蟲症（參照P.145）。

眼睛

　　出現眼屎變多、經常眨眼、揉搓眼睛、充血、流淚等情況，就有可能是罹患了眼睛的疾病（參照P.145）。

皮膚被毛

觸摸全身，確認是否有硬塊等。當被毛色澤變差，或是禿了一塊時，就有可能是皮膚病（參照P.145）。此外，貓咪感覺到壓力時，可能會出現非必要性的過度理毛，而造成光禿。

 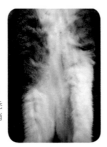

過度理毛造成整個腹部光禿的貓。壓力的原因一旦消失，自然就會治癒。

腹部

腹部膨脹可能是腹膜炎（參照P.141）；摸起來硬硬的時候，也有可能是便祕。如果是膀胱炎等泌尿器官的疾病（參照P.142），可能一碰觸就會疼痛而不願意讓人摸。也要檢查一下乳頭是否腫脹、是否有分泌物從乳頭流出等。

 CHECK!

這些也要檢查！

☐ **食慾‧飲水量**

持續性的食慾不振，或是飲水量極端增減，就是身體狀況不好的證據。想要察覺變化，就要預先掌握平日的飲食量。

☐ **糞便‧尿液**

糞便和尿液是健康的指標。要確認量的多寡和次數、排泄物的狀態、排泄時的樣子有沒有變化等。

☐ **體重**

即使是健康的貓，也建議每週量一次體重，檢查是否有急遽的變化。

☐ **體溫**

將體溫計插入肛門測量。健康的貓咪體溫為38℃～39℃。或高或低都是不適的徵兆。

☐ **呼吸**

貓咪通常是用鼻子呼吸的，如果用嘴巴呼呼喘氣般地呼吸，就是身體狀況不好的證據。

☐ **嘔吐**

持續嘔吐、很痛苦般地嘔吐，都是疾病的徵兆。也有可能是吞進了異物，請立刻帶往醫院。

肛門

肛門周圍如果有附著顆粒，就要懷疑是內部寄生蟲。屁股貼在地上拖著走時，很有可能是肛門腺有分泌物（參照P.72）堆積。

5

注意貓咪的疾病‧受傷

帶往醫院的方法

「我家的貓咪很討厭醫院！」——這樣的飼主應該很多吧！
只是，要守護愛貓的健康，和動物醫院同心協力是必不可少的。
在此介紹優良動物醫院的選擇方法，還有順利帶往醫院的方法。

在生病之前就要預先找好
優良的動物醫院

等愛貓生病或受傷了才要開始找醫院，並不是好的做法。在慌張失措的狀態下，可能沒辦法選擇自己認同的動物醫院。最好是在愛貓健康的時候，就先請對方稍做健康檢查，確認該醫院和醫師給人的感覺。選擇可以信賴的動物醫院，是守護愛貓健康的重要條件。請參考下面的重點，如果可以的話，還是多走幾家來做選擇吧！

決定好家庭獸醫師後，建議你平常就可以兼做簡單的健康檢查和健康諮詢，經常帶愛貓到醫院去。先讓牠習慣醫院，萬一有緊急狀況時，也比較容易帶去。只在身體不適時帶往醫院，會讓愛貓認定「這裡是討厭的地方」，如此一來，不喜歡醫院也就無可避免了。

此外，為了避免緊急時慌了手腳，也可事先在手機裡登錄醫院的電話號碼，並且事先找好有夜間診療的醫院。

CHECK!

好的動物醫院的選擇重點

預先找好萬一愛貓生病或受傷時，你認為「這家醫院可以信任」的動物醫院是很重要的。請仔細觀察來加以鑑定吧！

☐ **院內乾淨整潔，**
人員應對懇切周到

處理生命的現場，乾淨整潔是理所當然的。不乾淨的地方很可能會傳染其他的疾病。員工的應對親切誠懇也是可以信賴的重點。

☐ **也接受飼主**
的問題諮詢

不只是疾病的諮詢，對於飼主的飲食或如廁教養等問題也會給予建議的獸醫，作為家庭獸醫師是可以信賴的。

☐ **關於治療方法和費用**
都有確實的說明

能夠說明治療方法直到飼主了解為止，對於所有疑問也會詳細回答的獸醫師才可以信賴。由於動物治療的費用很高，因此這方面的說明必須要讓飼主認同才行。

☐ **也考慮到**
看診時間外的診療

在看診時間外也能視情況因應，或是當該醫院在看診時間外不做診療時，也會告知你其他的動物醫院，這樣比較令人安心。

提籃的使用方法

帶愛貓前往醫院時，一定要裝入提籃中。對於不喜歡提籃的貓，有下列方法可加以應用。

若是極度討厭提籃的貓，可以先裝入洗衣袋中，再放進提籃裡。大多數的貓只要一被包裹住就會鎮定下來，就算是會掙扎亂動的貓，一樣能乖乖接受診察。

將提籃的底部拿來當作牠平常的睡舖。因為有自己的氣味，比較能夠鎮定下來。

要帶往醫院時，就當做提籃使用。就算是不喜歡外出的貓也可稍感安心。

想要順利帶往醫院，飼主的準備是必需的

　　要事先預約的醫院，或是在看診時間外診療時，就算焦急，也一定要先用電話聯絡後，再前往醫院。要是突然上門，醫院方面可能會無法對應而沒辦法診察。

　　帶愛貓上醫院時，一定要裝入提籃中。討厭醫院的貓，只要發現飼主一拿出提籃，可能就會有所察覺而逃之夭夭；如此一來，要捉牠可得大費周章，不管是飼主還是貓咪，在去醫院之前就會精疲力盡了。平常就把提籃拿出來放著，讓愛貓習慣它的存在，再以上述方法順利地帶往醫院吧！

　　診察時，必須正確傳達愛貓的狀況。可以預先做筆記，或是將可以看出異常變化的影片拍下來給醫師看。

攜帶尿液和糞便前去的方法

必須做糞尿檢查時，就要帶著愛貓的尿液和糞便到醫院去。在此要告訴你帶去時的要領。

將剛上出來的排泄物裝入容器中

將剛排泄出來的糞便裝入塑膠袋裡，通常1顆應該就足夠了。尿液的採集比較困難，可以使用雙層式便盆，下層不放尿便墊，讓貓咪排尿後，再使用滴管等採集落到下層的尿液。用面紙等吸收的尿液是無法使用在檢查上的。滴管等工具可以跟動物醫院索取。尿液採集請依獸醫師指示進行。

要耗費一段時間才能帶去醫院時

採集後立刻帶去醫院是最好的，如果得要耗費時間的話，半天內應該還是OK的。尿液的成分容易變質，所以要密封好保管在冰箱中；糞便則以常溫保管。超過半天的排泄物是無法用來檢查的，請丟棄後再採集新的吧！

※尿液也可以在醫院由膀胱直接採集。

至少要先知道這些
貓咪容易罹患的疾病

為了愛貓的健康，疾病的預防、早期發現、早期治療比什麼都重要！
這裡整理出了希望各位飼主都要知道的貓咪容易罹患的疾病。
請從愛貓健康的時候開始，先具備好疾病的基礎知識吧！

傳染病

最具代表性的貓傷風
貓病毒性鼻支氣管炎

主要症狀	＊打噴嚏　＊淚眼　＊結膜炎 ＊流鼻水　＊眼屎　＊發燒　等
原因	致病原因為貓皰疹病毒。由貓咪彼此的接觸、噴嚏或咳嗽飛散的唾液和鼻水感染。也可能沾附在人的手上或衣服上傳播。
治療與預防	進行投與抗生素或干擾素、營養補充等的對症療法。請注射疫苗，預先做好確實的預防吧！

會發生口內炎或舌炎的貓傷風
貓卡里西病

主要症狀	＊打噴嚏　＊流鼻水　＊眼屎　＊發燒 ＊口內炎、舌炎　＊食慾不振　等
原因	致病原因為貓卡里西病毒。這種病毒有好幾種類型，症狀依類型而異。感染途徑和貓病毒性鼻支氣管炎相同。
治療與預防	治療方法也和貓病毒性鼻支氣管炎幾乎相同，只是口內炎或舌炎的疼痛會導致食慾不振，所以要確實做好營養補充。可用疫苗加以預防。

出現鼻水或眼屎時，請用沾濕的紗布等經常幫他擦乾淨吧！

會引發結膜炎的貓傷風
貓披衣菌症

主要症狀	＊黏性強的眼屎　＊結膜炎 ＊打噴嚏　＊流鼻水　＊咳嗽　等
原因	致病原因為披衣菌病原體。由已感染貓隻的噴嚏或鼻水傳染。症狀和其他的貓傷風非常相似。
治療與預防	目前已經有能有效對抗披衣菌的抗生素，只要儘早確實進行治療便可望早期回復。可用疫苗加以預防。

傳染病會因為和感染貓咪接觸而擴大感染，所以進行多隻飼養時，必須分房來隔離感染貓隻。

感染力強的傳染性腸炎
貓泛白血球減少症

主要症狀 ＊缺乏活力 ＊劇烈嘔吐 ＊下痢 ＊發燒 ＊白血球減少 等

原因 致病原因為傳染力強的貓小病毒。因為白血球減少，抵抗力降低而導致急遽衰弱。幼貓和老貓可能致死。

治療與預防 進行干擾素治療並補充水分和營養，以減輕症狀。可用疫苗加以預防，最好預先接種。

由病毒引起的血癌
貓白血病

主要症狀 ＊缺乏活力 ＊發燒 ＊淋巴結腫脹 ＊貧血 ＊其他感染症的惡化 等

原因 致病原因為貓白血病毒。唾液中含有大量病毒，打架受傷、和感染的貓咪使用相同的餐具或是相互舔毛等，都會造成傳染。母子感染的情況也很多。

治療與預防 初期症狀緩和後，若是經過數週到數年的潛伏期間再度發病的話，就難以治癒了。以對症療法多少可延遲疾病的進行。可用疫苗加以預防。

亦即所謂的貓愛滋
貓免疫不全症

主要症狀 ＊初期為發燒、下痢、淋巴結腫脹 等 ＊口內炎 ＊口臭、流口水 ＊貧血 等

原因 致病原因為貓免疫不全病毒。大多由打架受傷傳染。初期症狀一度緩解後，數年後會再發病。也可能在感染狀態下卻不發病（帶原者）。

治療與預防 一旦發病，免疫力降低就不可能恢復。要配合症狀進行對症療法。目前已有疫苗，雖然未達100％，但還是可以加以預防。

會引發腹部積水致死
貓傳染性腹膜炎

主要症狀 ＊下痢 ＊貧血 ＊發燒 ＊變瘦 ＊腹部鼓脹 ＊呼吸困難 等

原因 致病原因為貓冠狀病毒。傳染力雖弱，不過一旦發病，就會蓄積腹水和胸水，導致死亡。也有不會蓄積腹水的乾型症狀。

治療與預防 腹水可用導管等抽除，但仍缺乏有效的治療方法。也沒有疫苗，所以只能避免壓力，注意健康管理。

微生物破壞紅血球
貓傳染性貧血（血巴東體病）

主要症狀 ＊缺乏活力 ＊貧血（牙齦和結膜泛白） ＊黃疸 ＊血尿 等

原因 原因是稱為血巴東體的病原體寄生在紅血球。即便感染也可能不會出現症狀，但會因為其他的疾病或受傷等導致免疫力降低而發病。

治療與預防 進行基本的貧血治療，不過要完全驅除血巴東體非常困難，因此也可能復發。將被認為是病原體媒介的跳蚤加以驅除，可以有效預防。

高居貓咪死因首位
慢性腎衰竭

主要症狀
＊多喝多尿　＊食慾衰退　＊貧血
＊嚴重時會嘔吐　等

原因
腎臟組織逐漸壞死，機能降低，無法正常作用的疾病。常見於老貓，症狀會在不知不覺中進展。

治療與預防
腎臟機能一旦損壞就無法復原。一方面要避免對僅剩的腎臟機能造成負擔，一方面要利用投藥和飲食療法來防止疾病的進行。

發展非常迅速，需注意
急性腎衰竭

主要症狀
＊食慾不振　＊嘔吐　＊飲水量和尿量減少
＊嚴重時會出現痙攣、昏睡　等

原因
因為中毒等原因，導致腎臟機能突然無法正常作用的疾病。除了腎臟本身的異常外，也可能是心肌症或尿石症等其他疾病造成的。

治療與預防
引起尿毒症時，首先要做該治療，並進行原因疾病的治療。和慢性腎衰竭不同，早期治療的話，可以在短時間內治癒。

公貓要特別注意！
尿石症

主要症狀
＊頻頻如廁卻尿不出來
＊排泄時有疼痛感　＊尿液中混有血液　等

原因
膀胱或尿道形成結石，引起發炎或堵塞的疾病。尿道細長的公貓容易罹患，尤其常見於已經去勢的公貓。

治療與預防
尿液排不出來可能會引發尿毒症，可以用導管除掉堵塞的結石。結石和飲食有關，所以也要進行飲食療法。

如廁後仍有殘尿感
膀胱炎

主要症狀
＊頻繁如廁，每次卻只能尿出一點點
＊排泄時有疼痛感　＊血尿、尿液混濁　等

原因
主要原因為細菌感染。原本在排出濃縮尿液的貓身上並不常見，不過多喝多尿而導致尿液濃度變稀薄時，就會容易罹患。

治療與預防
細菌感染時，要投與抗生素來進行治療。貓便盆如果不衛生也會變得容易感染，所以要經常保持清潔。

常見於美國短毛貓和緬因貓
肥大型心肌症

主要症狀
＊缺乏活力　＊容易疲倦
＊呼吸急促　＊後腳麻痺　等

原因
這是心肌變厚的疾病，原因不明。會導致血液循環變差而形成血栓，後腳的大動脈阻塞，引起麻痺。可能會在不知不覺中惡化，造成猝死。

治療與預防
投與不易形成血栓的藥物或是對心臟機能有幫助的藥物，以減輕對心臟的負擔；一方面要控制症狀，維持體力。

為了迅速察覺疾病的徵兆，仔細觀察貓咪平常的樣子是很重要的。有氣無力、趴著不動等都可能是疾病的徵兆。

惡性腫瘤（癌症）

多為惡性且容易轉移
乳腺腫瘤

主要症狀
＊乳腺形成硬塊　＊硬塊變大
＊乳頭出現像血一樣的分泌物　等

原因
常發生在未施行避孕手術的高齡母貓身上。大多為惡性，會在早期就轉移到肺部或淋巴結等。

治療與預防
藉由手術摘除所有的乳腺。腫瘤一旦變大就不可能康復，所以早期發現，早期治療非常重要。

貓咪最常見的癌症
淋巴腫

主要症狀
＊呼吸困難（縱膈型）
＊下痢或嘔吐（消化道型）　等

原因
淋巴球受到癌細胞入侵而形成腫瘤的疾病。有腫瘤在胸部形成的「縱膈型」和在胃腸等形成的「消化道型」，症狀也不相同。

治療與預防
施行抗癌劑的化學療法或放射線療法。貓白血病也可能是發病原因，最好接種疫苗確實預防。

常見於白貓
扁平上皮癌

主要症狀
＊初期在耳朵或鼻子的邊緣會出現發紅或小腫瘤
＊一旦惡化，就會出現潰瘍、出血　等

原因
出現在耳朵、鼻子、眼瞼、臉部等的皮膚癌。一般認為原因是因為大量暴露在紫外線下，常見於白貓和毛色較淡的貓咪身上。

治療與預防
如果能在早期階段將患部全部摘除，數後情況通常良好。症狀已經惡化時，可能會轉移到淋巴結或肺部。

內分泌的疾病

常見於肥胖貓和老貓
糖尿病

主要症狀
＊多喝多尿　＊吃很多卻消瘦
＊嘔吐或下痢　＊脫水症狀　＊昏睡　等

原因
胰臟分泌的胰島素沒有正常作用，使得血液中的糖分升高的疾病。常見於高齡或肥胖的貓隻。也可能有腎臟機能障礙或白內障等合併症。

治療與預防
持續性地投與胰島素或降低血糖值的藥物，或是進行飲食療法，控制血糖值。

老貓的巴塞多病
甲狀腺機能亢進症

主要症狀
＊多喝多尿　＊吃很多卻消瘦　＊脫毛
＊異常活潑　＊變得容易發怒　等

原因
甲狀腺旺盛作用，使得甲狀腺荷爾蒙分泌過剩，和人類的巴塞多病相同的疾病。常見於老貓。

治療與預防
以手術去除頸根處甲狀腺的一部分，投與抑制甲狀腺荷爾蒙分泌的藥物，加以控制。

過度活潑或食慾過剩也是疾病的徵兆。特別是老貓更需注意。

肥胖會對身體各部位造成負擔，成為各種疾病的原因。有肥胖傾向的貓咪必須減肥。

舔下的毛在胃中糾結成塊！
胃腸炎（毛球症）

主要症狀	＊食慾不振　＊嘔吐　＊便秘　等
原因	理毛時吞入的毛無法排出，在胃中結成大塊，妨礙胃腸的機能。常見於長毛貓。
治療與預防	投與可讓體內結塊的毛球鬆解排出的藥物。平日可經常梳毛以減少吞入的毛來加以預防。

肝臟的疾病

脂肪堆積在肝臟
脂肪肝

主要症狀	＊食慾不振　＊缺乏活力，老是躺著 ＊下痢　＊嘔吐　＊黃疸　等
原因	脂肪堆積在肝臟而肥大，使得肝臟機能無法正常作用的疾病。嚴重時可能會引起肝衰竭或意識障礙。常見於肥胖的貓咪。
治療與預防	症狀進展時，要投與強肝劑或胰島素。如果是輕症，可以用低脂肪的飲食幫助肝臟的回復。

慢性的頑固便秘
巨大結腸症

主要症狀	＊嚴重便秘　＊食慾不振　＊嘔吐 ＊脫水症狀　等
原因	排出糞便的力量變弱，使得糞便堆積，結腸擴大，形成慢性便祕的疾病。也有可能是先天性的障礙。
治療與預防	如果是輕症，就定期灌腸軟解糞便，讓它一點一點地排出，並給予富含食物纖維的飲食。病症嚴重時可能需要進行結腸手術。

呼吸器官的疾病

胸部積膿而不適
膿胸

主要症狀	＊初期是劇烈呼吸 ＊症狀加重後，會出現如氣喘般的呼吸
原因	因為打架或受傷、劇烈咳嗽等，導致胸腔出現洞孔，細菌侵入後積膿的疾病。嚴重時會引起呼吸困難，也會缺乏活力和食慾。
治療與預防	在胸腔插入針或導管將膿去除，用生理食鹽水等清洗乾淨後，投與抗生素。

糞便和尿液是健康的晴雨表。清掃廁所時，請確實檢查。

眼睛的疾病

會變得畏光
角膜炎

主要症狀
* 瞇眼、眨眼　* 流淚
* 角膜白濁　* 用前腳揉眼睛　等

原因
角膜發炎的狀態，伴隨著疼痛。異物進入或打架而造成的角膜傷口、感染症或青光眼等其他疾病也可能是原因。

治療與預防
如果是異物進入，就將之去除；如果是其他疾病造成的，就要進行該治療，並且點用處方的眼藥。戴上伊莉莎白項圈，以免貓咪揉眼睛。

眼壓升高可能導致失明
青光眼

主要症狀
* 眼球變成黃色或綠色　* 瞳孔擴張
* 充血　* 眼球變大　等

原因
這是眼壓異常升高的疾病，主要原因為眼內發炎和眼內腫瘤等。一旦惡化，可能會壓迫到視神經而造成失明。

治療與預防
以內服藥和點眼藥來降低眼壓。如果是慢性的，也可以施行調整眼房水的手術。想要防止失明，早期發現、早期治療是最重要的。

免疫力降低就會惡化
牙周病

主要症狀
* 牙齦腫脹　* 牙齦出血　* 嚴重口臭
* 流口水　* 掉牙　等

原因
這是指發炎深及牙齦和牙周組織的狀態。原因為牙結石等口中的髒污。一旦感染貓愛滋等疾病而造成免疫力降低時，就會惡化。

治療與預防
除去牙結石後，用藥物抑制發炎，但如果情況嚴重時就要拔牙。請定期刷牙，避免堆積牙結石來加以預防。

皮膚的疾病

嚴重搔癢會讓貓咪焦躁不安
跳蚤過敏性皮膚炎

主要症狀
* 劇烈搔癢、啃咬身體　* 栗粒狀濕疹
* 頸周或背部脫毛　等

原因
被跳蚤叮咬時，其唾液中的成分會引發過敏，伴隨著劇烈的搔癢。貓蚤也會叮人。

治療與預防
使用除蚤劑撲滅附在貓咪身體上的跳蚤，房間裡也要使用吸塵器或驅除劑，徹底驅除跳蚤。

臉部和耳緣脫毛
疥癬症

主要症狀
* 臉部和耳朵邊緣脫毛，形成瘡痂
* 劇烈搔癢、啃咬身體　等

原因
由於貓疥癬蟲在皮膚上鑽洞寄生，因此會奇癢無比。會在臉部和耳緣出現症狀，也會寄生在人身上。

治療與預防
和跳蚤的情況相同，使用除蟎劑等，將貓咪身上及生活環境中的疥癬蟲徹底撲滅。避免和流浪貓接觸也很重要。

放著不管會形成外耳炎
耳疥蟲症（耳蟎）

主要症狀
* 劇烈搔癢　* 頻頻搔撓耳朵、甩頭
* 出現大量乾燥黑色的耳垢　等

原因
這是耳疥蟲（耳蟎）寄生在耳中引起發炎的症狀。常見於幼貓，也會因為和有耳蟎寄生的貓隻接觸而感染。

治療與預防
清潔外耳道後，用除蟎劑驅除耳蟎。有耐性地持續治療，直到成蟲、幼蟲、卵都完全驅除為止。

由貓傳染給人的疾病

為了和愛貓快樂地生活，最好先知道有哪些疾病會傳染給人。
只要擁有正確的知識，好好地相處，大部分都是可以預防的，
所以不需要過度恐慌而變得神經質。

不管是多麼可愛的貓咪，都要以正確的距離感相處

　　由動物傳染給人的疾病稱為「人畜共通傳染病」（Zoonosis）。

　　對於人來說，寵物是重要的家庭成員之一，是很親近的存在，再加上飼養於室內，物理上的距離變近，親密度增加，因此一般認為由寵物傳染疾病的案例應該會繼續增加。

　　右頁中介紹了幾種「可能由貓傳染給人的代表性疾病」，如果只看「人的症狀」，或許會認為是非常可怕的疾病，不過，實際感染發病的情況是很罕見的；只要飼主的健康狀態良好，和貓咪正確相處，幾乎都可以預防傳染。

　　不過，如果採取不正確的相處方法而從愛貓身上傳染到疾病的話，或許就無法一起生活了。這實在是非常悲傷的事情。

　　為了守護和愛貓之間的快樂生活，接受可能會傳染疾病的事實，並且擁有對於人畜共通傳染病的正確知識，保持適當的距離感來和貓咪接觸，這些都是非常重要的。

和愛貓生活時要注意的事

☐ **避免不必要的肌膚接觸**
不要親吻貓咪、不讓貓咪舔你的臉、不要用筷子或嘴對嘴給予食物、不讓貓咪上餐桌等等，避免不必要的接觸。別忘了貓咪可是會舔自己的屁股的。

☐ **摸完後要洗手和漱口！**
和一般傳染病的預防相同，請經常洗手和漱口。貓咪身上也有普遍存在的細菌，所以即使完全在室內飼養，也要注意清潔。

☐ **貓咪的便盆和睡鋪要保持清潔**
除了藉由剪趾甲和梳毛來保持愛貓的身體清潔外，便盆、睡鋪和牠喜歡的地方等也要仔細清掃，經常保持清潔。

☐ **可以預防的就要確實預防**
可以藉由驅蟲藥等事前預防的疾病，請確實加以預防。

可能由貓傳染給人的代表性疾病

幼兒感染會非常危險
蛔蟲症

感染途徑	貓排泄出來的蛔蟲卵，經口進入體內而感染。也可能由生雞肉或生肝臟傳染。
貓的症狀	幼貓有下痢、嘔吐等症狀，成貓幾乎沒有症狀。
人的症狀	卵變成幼蟲而在體內移動。如果進入視神經或中樞神經時，有引起視力障礙或腦炎的危險。
預防對策	定期為貓咪驅蟲。蟲卵也會存在於砂場，所以小孩子玩砂後，要用肥皂確實洗手。

不要小看被貓抓傷
貓抓病

感染途徑	被貓（尤其是幼貓）抓到或咬到而感染。也可能由跳蚤傳染。
貓的症狀	病原體巴通氏菌是普遍存在於健康貓隻身上的細菌，貓並不會有症狀。
人的症狀	15歲以下的感染病例較多，會出現傷口疼痛、發燒、淋巴結腫大等，可能會持續數個禮拜～數個月。
預防對策	預先修剪貓咪的趾甲，以免受到撓抓。跳蚤也可能是感染源，所以要加以驅除。

被抓或被咬都必須注意
巴斯德桿菌病

感染途徑	主要是被貓咬到或抓到而感染。也可能是被舔而經口造成呼吸器官感染。
貓的症狀	病原體巴斯德桿菌普遍存在於健康貓隻的口內或趾甲，所以貓並不會有症狀。
人的症狀	傷口疼痛、化膿、淋巴結腫脹等。若為經口感染，也可能出現肺炎或支氣管炎等症狀。
預防對策	注意不要被咬到或抓到。不要和貓咪親吻或是用嘴巴餵食食物。

一種生長在皮膚上的真菌
皮膚真菌症

感染途徑	這是稱為皮膚絲狀菌的真菌所引起的皮膚病，因為和帶菌的貓咪接觸而感染。
貓的症狀	感染部位呈圓形脫毛，可見皮屑。大多不會搔癢。
人的症狀	會癢，皮膚上有圓形發紅或水泡。症狀經常出現在手臂或頸部周圍等。
預防對策	潮濕的環境容易讓細菌繁殖，所以要保持良好的透氣性。如果出現症狀，人和貓都要分別進行治療。

如果已經有抗體就不用擔心
弓漿蟲症

感染途徑	這種叫做弓漿蟲的寄生蟲會存在於貓隻糞便中，以及生的豬肉或雞肉中，經口進入人體而感染。一般認為經由生肉感染的病例比由貓咪感染的病例更常見。
貓的症狀	幾乎沒有症狀。貓只有在感染後的1～3週間才會於糞便中出現弓漿蟲，除此之外都不需擔心會傳染給人。
人的症狀	健康的成人幾乎沒有症狀，也可能在不知不覺中感染而形成抗體。孕婦若感染的話，極少數可能會出現流產或危害胎兒；但如果已經有抗體的話，就不會有問題。
預防對策	人和貓都可以檢查有沒有抗體。如果是陰性的話，要儘早處理貓咪的排泄物，處理後需洗手；不吃生肉，處理過生肉的菜刀或砧板要確實清洗等，嚴加注意預防感染。也有給貓吃的驅蟲藥。

不需要過度害怕擔心，請抱持正確知識和貓咪接觸吧！

有技巧的投藥法

想要餵食獸醫師處方的藥物，偏偏愛貓不是抗拒，就是隨後吐出來，
無法好好餵貓吃藥的飼主應該很多吧！
不妨記住餵藥的要領，順利地投藥來治療疾病吧！

先了解關於貓咪用藥的基本知識

貓的身體構造和罹患的疾病都和人是不一樣的。雖然也有稱為「貓傷風」的疾病，不過和人的傷風並不相同，所以處方的藥物也和人不一樣。

其中雖然也有將人用的藥物使用在貓身上的情形，但也只限於確定對貓來說是安全的藥物而已。所以當愛貓身體不適時，請絕對不要給予家中人用的藥物。因為裡面可能含有對人有幫助，但貓卻無法代謝的成分，或許會引起中毒，最糟的情況甚至會導致死亡。請務必要給予由動物醫院處方的藥物，並遵守用法用量。

錠劑、藥粉、眼藥等，有各種不同種類的藥物。投藥方法也依種類而有所不同。

順利地投藥以減輕貓咪的壓力

雖然是為了治療愛貓的疾病才投藥的，但遺憾的是，貓咪並無法理解「那是治療自己的東西」。如果只是普通地餵食，牠會覺得那是異於平常食物的可疑物，就會整個吐出來。可是，為了治療愛貓的疾病又必須餵藥才行，所以最重要的還是要儘量迅速、有技巧地給予，以減輕貓咪的壓力。有困難時，不妨由2個人來進行。

給予健康食品是否比較好？

如果已經在貓糧中攝取到必需的營養，就不需要特別給予。為了改善體質而想給予時，最好和獸醫師商量後，再選擇對該愛貓來說有效的健康食品。

錠劑

處方藥物中最常見的類型。依照種類,有些也可以將錠劑磨成粉末後給予。不妨詢問獸醫師能否研磨成粉劑吧!

1 將貓咪的頭往上抬

先讓貓咪放鬆坐下來。用一隻手抓住貓咪的頭往上抬,另一隻手碰觸貓咪的嘴巴,使其張開。

2 將錠劑放入嘴巴深處

用姆指和食指拿錠劑,儘量放入貓咪嘴巴深處。如果放在嘴巴兩邊是無法讓貓咪吞下的,所以要放在中央。

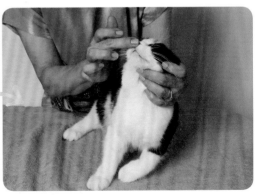

3 按住嘴巴直到貓咪吞下為止

放入錠劑後,讓貓咪閉上嘴巴。用手按住,讓貓咪的頭保持朝上,等到喉嚨「咕嚕」一動吞下錠劑為止。也可以輕輕撫摸喉嚨。

4 貓咪不肯吞下時,就在鼻頭沾水

貓咪遲遲不肯吞下時,就在鼻頭上沾一點水。貓咪為了將水舔掉就會動舌頭,這個時候就會吞下錠劑。

粉劑 就連人也很難吞下的粉劑。要讓貓咪服用時，可以混在無鹽奶油中讓牠舔食，或是攪入糊狀的食物中；也可以溶在水中，以液劑的方式給予。

對於不討厭吃藥的貓咪，也可以混在食物中給予；但若是討厭吃藥的貓咪，可能會對該貓糧抱持警戒心而變得不吃。

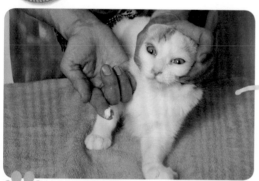

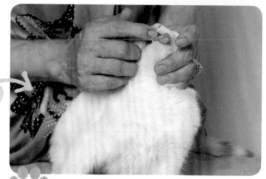

1 手指沾取混入粉劑的奶油

將粉劑攪混在少量的無鹽奶油中，用手指沾取。

2 將奶油塗在貓咪的鼻子上

將奶油塗抹在貓咪的鼻頭上，牠就會用舌頭舔掉。塗在口中（上側）也OK。

液劑 將粉劑溶於水，做成液劑讓貓咪服用。要確實讓貓咪喝下，可以用滴管或注射器等將藥水流入喉嚨。混在貓奶中也OK。

做成像針筒形狀的注射器。滴管或注射器可向動物醫院索取。

※為了易於辨識，照片中使用的是果汁。

1 用注射器吸取液劑

將液劑放入小碟子中，用注射器或滴管吸起來。不需要一次全部吸完。

2 從嘴巴側邊注入

一隻手持貓咪的頭往上抬高，從犬齒後方注入後，讓貓咪閉上嘴巴，等牠吞下去。

眼藥

有東西要跑進眼睛裡，就連貓咪也會感到害怕。要領是從貓咪看不到的位置拿出眼藥，迅速滴入。點藥時請注意不要傷到眼睛。

罹患眼睛疾病時，為了避免貓咪自己搔撓而惡化，可幫貓咪戴上如P.138的伊莉莎白項圈。

眼藥水

1 固定頭部後，從上方滴下眼藥水

將頭部稍微抬高，拉開一眼的眼皮，從頭部後方拿出眼藥水，滴下液體。

2 讓貓咪閉上眼睛，擦掉溢出的藥水

讓貓咪閉上眼睛一會兒後，輕輕按摩眼皮上方。將溢出的藥水擦掉。

眼藥膏

罹患角膜炎（參照P.145）等眼睛疾病時，獸醫師會處方眼藥膏。雖然塗抹時好像會弄傷眼睛的樣子，有點可怕，但還是加油吧！

塗藥膏的方法

不是直接塗在眼睛上，而是以將藥膏塗在眼角的感覺抹上去。

1 先擠出藥膏

握住貓咪的頭部後，先擠出藥膏。要避免在貓咪的眼前擠出。

2 將藥膏塗抹在眼角

拉開一邊的眼皮，迅速將擠出的藥膏抹上眼角。要注意避免容器的尖端傷到眼睛。

3 從眼皮上方揉推

讓貓咪的眼皮開合幾次，使藥膏融入眼中。將溢出外面的藥膏擦掉。

要注意這樣的意外・受傷

想避免愛貓受傷，最重要的是要極力排除可能成為原因的事物。
萬一發生意外時，不要慌亂，讓愛貓安靜下來並帶往醫院。
為了慎重起見，還是先記住緊急時的應急處置方法吧！

室內意外多得出乎意料。
不讓愛貓外出是必要條件

　　貓咪最常見的意外就是交通事故。目前依然高居死因的首位。如果讓愛貓自由外出，就無法避免遭逢交通事故的危險，所以只能徹底飼養在室內。

　　除此之外，常見的還有如右的室內意外，絕大部分都是只要飼主注意就能夠避免的。例如浴缸或洗衣機的蓋子要蓋上、暖爐周圍用柵欄圍起來、不要讓愛貓進入廚房或陽台、將愛貓可能誤吞的東西收拾好等等，請做好防止意外的對策吧！門檔或護欄等，用來防止幼兒意外的商品也很有幫助。

貓咪常見的意外

- 交通事故
- 在浴缸或洗衣機中溺水
- 電暖器或暖爐造成的燒燙傷
- 從陽台跌落
- 吞入玩具或繩子 等

好奇心旺盛的貓咪，有時會發生意想不到的意外。

發生意外立刻送醫。
不能只做緊急處置就安心

　　萬一發生了意外，讓愛貓安靜下來後，就要立刻帶往動物醫院；如果是分秒必爭的情況，就要立刻送往醫院，並在到院前進行右頁的緊急處置。為了以防萬一，最好先將做法記下來。只不過，絕對不能因為看到處置後似乎好轉了就安下心來，有時候可能會出現後遺症，因此一定要帶去動物醫院。

有些貓會自己開門或開窗。別忘了要上鎖喔！

緊急時的應急處置

在此介紹發生傷害或意外時的緊急處置方法。也可以和家庭獸醫師取得聯絡，請求指示來進行。如果要花一段時間才能做好緊急處置的話，最好的方法還是儘早帶到醫院去。

基本上是將貓咪保溫後再帶到醫院。只要用毛巾或毯子包裹起來即可。當貓咪因為恐慌而亂動時，也可以用毛巾等包起來固定。

1 出血

用紗布或毛巾按壓患部止血。無法止血時，可在從患部距離心臟較近的位置用繃帶等輕輕綁住加以止血（綁太緊會壞死，要注意）。如果是交通意外等情況，由於可能發生骨折，所以止血後要放在瓦楞紙箱等代替擔架的東西上，儘量不要動到貓咪地運送。運送時要讓出血位置高於心臟。

2 燒燙傷

總之最重要的就是冷卻。先用濕毛巾覆蓋，上面再放置冰袋或保冷劑後運送。千萬不可塗抹軟膏等，以免惡化。由於貓咪的皮膚有被毛覆蓋，所以飼主可能不會察覺到燒燙傷。當被毛捲曲或容易掉落、一碰就表現出怕痛的樣子等時，就有可能是燒燙傷。

3 溺水

提起貓咪的後腿，讓貓咪倒栽蔥後，上下搖晃或輕拍背部，讓牠將喝下去的水吐出來。沒有呼吸時就要進行人工呼吸。讓貓咪側躺在平坦的地方，頸部伸直以確保氣管暢通；將貓咪的舌頭拉出來後摀住嘴，從鼻子用力吹入空氣約3秒鐘。反覆進行數次。

4 吞入異物

吞入異物並卡在喉嚨、想吐又吐不出來時，請調製稍濃的食鹽水，用注射器或湯匙從嘴巴側邊流入，就能讓貓咪吐出。如果吞入繩子之類的東西，當繩子從肛門跑出來時，絕對不能拉出來，因為這樣可能會傷到胃腸。請用剪刀剪短後，再帶到動物醫院去。

7歲後就加入老貓一族

不同於人類的年齡,一般認為貓到了7歲,就已經邁向老貓期了。
現在,貓的壽命變長,超過15歲的貓也很多,不過上了年紀後,
像以前一樣的照顧方式是不夠的。請記住照顧的方法,讓愛貓舒適地生活吧!

讓愛貓在7歲以後的老貓期,也能過著舒適的生活

　　即使一直覺得牠還很年輕,然而人和貓的壽命還是不一樣。雖然有個體差異,但還是要有超過7歲就是老貓的意識。現在,因為完全室內飼養的增加以及動物醫療的發展等,貓的壽命已經逐漸延長了,其中超過20歲的長壽貓也不稀奇。請注意要有比以前更加體貼入微的照顧,儘量讓愛貓度過健康舒適的晚年。

貓咪可以依靠的只有
飼主而已。請體貼地
照顧牠吧!

貓的失智症是?

貓也有失智症。剛剛才吃過飯,馬上又來索討,或是以前從未有過大小便失禁的情況,現在卻發生了,還有大聲鳴叫、在同一場所繞圈圈等等,這些都是症狀之一。預防方法和治療方法目前尚未究明。就算愛貓很難再過著像以前那樣的生活,飼主還是要好好照顧牠。

 ## 變得大量飲水

有些貓會因為懶得動而變得不喝水,但是成為老貓後,很容易罹患慢性腎衰竭,一旦得病就會變得大量飲水。
＊慢性腎衰竭的說明請看 P.142。

 ## 不動的時間變多了

身體機能衰退,動作變得緩慢,幾乎一整天都是躺著度過。不太活動也可能是生病造成的。

老化的徵兆

如果出現這些徵兆，就是老化的証明。請給予如P.156～157般的照顧。

貓咪上了年紀後大多會躺著。請為牠準備舒適的睡覺場所吧！

被毛色澤變差

上了年紀後，新陳代謝衰退，加上自己也比較少理毛了，所以被毛會漸漸失去光澤。有些貓的嘴巴周圍等還會出現白毛。

聽力變差

被飼主叫喚名字時沒有察覺，對巨大聲響也沒有反應時，就有可能是聽力變差了。因為聽力衰退，叫聲也會變大。

視力變差

如果出現會碰撞到東西的症狀，就有可能是視力變差了。這是因為超過10歲後，水晶體就會出現硬化的情形。更進一步地，眼睛可能會變得白濁，難以視物。

眼屎等變多

因為洗臉次數減少，眼屎或口水等臉部的污垢就變得明顯。請飼主替牠進行護理吧！

眼屎要用濕潤的紗布等為牠擦掉。

牙齒掉落或呼吸有臭味

變得較容易附著牙垢，形成牙周病而產生口臭，甚至會有牙齒掉落。可以幫牠刷牙，或是請獸醫師幫貓咪去除牙垢。

5

注意貓咪的疾病・受傷

155

老貓需要飼主的勤於照顧

和人類一樣，貓也是一旦上了年紀，以前可以自己做的事情都會變得困難。例如，因為活動身體變得非常辛苦，所以越來越少幫自己理毛。這樣放著不管會有礙衛生，所以請飼主用紗布或毛巾幫牠擦拭，讓愛貓的身體保持清潔。配合貓咪的年齡做適當的照顧，讓牠度過舒適的晚年生活吧！

🐾 老貓的廁所要……

☐ 換成低矮而容易跨過的便盆

☐ 周圍鋪上尿便墊，
就算大小便失禁也沒關係

☐ 設置在睡鋪附近，
不需要走太遠

☐ 就算大小便失禁，也絕對不斥罵牠

☐ 如果上廁所有困難，就幫牠包尿布

老貓的照顧

年輕貓和年老貓的照顧方式是不一樣的。成為老貓後，要注意比以前更加細心地照顧。

🐾1 飲食

◎ 調整分量和次數

由於運動量減少，所以分量最好控制在以前的8成左右。因為沒有辦法一次吃很多，如果一次的飲食分量減少的話，不妨增加次數。

◎ 改變食物

如果已經是老貓了，就請改為老貓用的貓糧。也可以請獸醫師幫忙選擇適合愛貓狀態的貓糧。生病要給予生病用貓糧（處方食品）時，一定要向獸醫師諮詢，在指導下進行餵食。

為了維持老貓的健康和活力而加以調整的貓糧。（希爾思 熟齡貓配方）

🐾2 房間

一上了年紀，動作就變得遲鈍，爬到高處也變成了困難的事。請把貓走道和傢俱等的高低階差縮小。此外，睡覺的地方、廁所、吃飯的地方等也儘量幫貓咪集中在近處。

3 護理

🐾 梳毛

因為不再自己理毛了，所以脫落的毛會一直附著在身上，變得容易形成毛球。飼主要經常幫牠梳毛。

🐾 眼屎等髒污

洗臉次數減少，眼屎或口水變得明顯。使用在溫水中浸濕後擰乾的紗布等幫牠擦拭。

🐾 趾甲

磨爪的次數也會減少，因此當趾甲長得過長時，就可能會刺進蹠球裡。請經常幫愛貓修剪趾甲。此外，長毛種的腳底毛一長長就容易滑倒，所以這裡也要進行修剪。

🐾 牙齒

牙周病一旦惡化，就會無法進食，因此需經常幫牠護理。刷牙要從小就讓牠習慣。

＊詳細請參照P.68～69。

4 環境

🐾 搬家‧重新裝潢

貓並不喜歡環境的變化。對老貓來說，搬家或重新裝潢都可能成為極大的壓力，所以應儘量避免。不得不搬家時，至今使用過的餐碗和便盆請不要丟棄，在新家也同樣使用。這時，廁所的位置和餵食的場所等，請儘量設置在和以前的環境相似的地方。

🐾 新來的貓

對老貓來說，新來的貓是壓力的來源。因為有個體差異，所以也不乏有順利熟識的情形，不過多或少還是會有壓力。最好打消迎接新貓咪的念頭吧！尤其當新來的貓是幼貓時，活力充沛、好奇心旺盛的幼貓會糾纏著老貓不放，壓力也會變得更大。

新來的貓如果是愛玩的幼貓，對老貓來說，很難不成為一種負擔。無論如何要讓牠們共同生活時，請多費心思避免讓幼貓進入老貓的房間。

和愛貓的離別來臨時

只要活著，總有一天會面臨和愛貓離別的時候。
為了和牠好好地告別，也來想想有怎樣的弔祭方式吧！
珍惜愛貓所帶來的回憶，好好地送牠最後一程，也有助於療癒悲傷。

接受愛貓的死亡，好好地送行

只要是生物，就無法避免死亡。現在超過15歲的長壽貓很多，而貓的15歲約莫等於人類的70～80歲。一般認為，隨著動物醫療的進步，可以延長貓的壽命，但即使如此，離別還是必然會來臨。最愛的貓咪走了，是一件痛苦悲傷的事，但還是要負責任地送行到最後。因為是一起生活至今的愛貓，這應該就是最好的追悼吧！

愛貓是親密的家人，好好地送牠走完最後一程吧！

愛貓死亡是非常悲傷的事，不過，對愛貓的回憶卻是永遠不會消失的。將回憶放在心中，在貓咪死亡後也好好地完成飼主應負的責任，也能幫助自己度過喪失寵物症候群。

好好地接受愛貓的死亡，就是跨越喪失寵物症候群的第一步

如同家人般一起生活至今的愛貓走了，是非常大的衝擊。有些人無法從喪失感中脫離，其中也不乏為食慾不振和失眠等困擾的人。這種喪失寵物症候群雖有程度上的差異，卻是任何人都可能發生的。首先，好好地接受愛貓死亡的事實是最重要的。好好地弔祭，也能讓自己跨過悲傷。可以大哭一場來發洩悲傷，或是請朋友或心理輔導員傾聽你的感受。

當愛貓死亡時

潔淨遺體

當愛貓死亡時，請先幫牠潔淨遺體。可用濕濡的毛巾等幫牠擦拭身體，並安置在涼爽的房間裡。夏天可開冷氣，或是用保冷劑等儘量冰涼頭部和腹部。

放入棺材

請準備瓦楞紙箱或木箱等作為棺材。用清潔的毛巾或布包裹遺體，輕輕地放進棺材中。還有，如果是火葬，也可以將愛貓喜歡的東西（可以火葬的物品）一起放進棺材裡。

貓咪的埋葬方法

埋葬方法大致上分成在自宅埋葬、由防疫所火葬，以及在寵物墓園弔祭等3種方法。金額和方式非常多種，請選擇自己可以接受的埋葬方法。不管是用什麼方法弔祭，回憶起過往的點點滴滴，懷著感謝的心情為牠送行，才是最重要的。

埋葬在自己家中

如果自宅有庭院，空間足夠的話，就可以採取土葬。挖掘超過1m深的洞，再將放有用布包裹起來的遺體的瓦楞紙箱或木箱放入洞中，加以掩埋。也可以用石頭等幫愛貓立個墓碑，以避免被亂踩。不過，如果是因為傳染病而死亡的貓咪，就一定要請防疫所或寵物墓園等進行火葬。

自行埋葬時一定要埋在所有地裡

要自行埋葬貓咪時，一定要埋葬在自己的所有地裡，不可以埋葬在和鄰居的土地界線上。法律上也規定了不能埋葬在公共的公園或土堤等，所以請不要這麼做。

委託各地防疫所

也可以請各地方的防疫所或環保局收取。這個時候大多是火葬，收取的單位和費用也依各地方而異，因此請詢問各防疫所。最近也有寵物專用的火葬場，或是可以在契約的寵物墓園內火葬。委託防疫所火葬時，有的並無法領回骨灰，請充分考慮再決定。

在寵物墓園弔祭

葬禮基本上是火葬，有集體火化、個別火化等。至於骨灰，有拿回骨灰、埋葬在靈園‧墓地、安放在納骨塔等方法。在日本，有的寵物墓園還有可在和愛貓擁有共同回憶的自宅舉辦葬禮的服務項目。可以請對方派遣移動火葬車到家中，進行葬禮‧火葬。由於各家寵物墓園的方式和費用都不相同，所以請仔細詢問後再行委託。此外，委託寵物的火葬‧葬禮時，注意一定要以書面取得估價，好好地確認服務內容等，以免之後產生糾紛。

受理寵物屍體各項業務的機構

以台北市為例，從99年2月13日起，動物屍體焚化服務已改由台北市動物之家受理，按隻秤重，5公斤以下收費200元，超重者每增加1公斤加收50元。洽詢電話：02-87913254。

除此之外，也可委託各家寵物往生機構，例如新北市的「淺水灣寵物天堂」電話：02-26369293、高屏地區的「菩提寵物樂園」電話：0922-272108。其他也可自行上網查詢，或洽詢各大動物醫院。

國家圖書館出版品預行編目資料

我家的貓咪：調教與飼養法（經典版）/ 今泉忠明，
早田由貴子監修；彭春美譯. -- 三版. -
新北市：漢欣文化事業有限公司，2024.07
160 面；21x17 公分. --（動物星球；6）
ISBN 978-957-686-921-1（平裝）

1.CST: 貓 2.CST: 寵物飼養

437.364　　　　　　　　　　113008774

定價 320 元

動物星球 6

我家的貓咪 調教與飼養法（經典版）

監　　　　修 /	今泉忠明、早田由貴子
攝　　　　影 /	福田豐文
譯　　　　者 /	彭春美

出　版　者 / **漢欣文化事業有限公司**
地　　　址 / 新北市板橋區板新路 206 號 3 樓
電　　　話 / 02-8953-9611
傳　　　真 / 02-8952-4084
電　子　郵　件 / hsbooks01@gmail.com
郵　撥　帳　號 / 05837599 漢欣文化事業有限公司
三　版　一　刷 / 2024 年 7 月

本書如有缺頁、破損或裝訂錯誤，請寄回更換

【監修】
今泉忠明
1944年生於東京都。哺乳類動物學者。身為「貓咪博物館」館長、動物科學研究所所長。積極參與世界貓科動物的研究。東京水產大學畢業後，以國立科學博物館特別研究生的身分學習哺乳類的分類及生態。參加文部省（現・文部科學省）的國際生物計畫（IBP）調查、日本列島綜合調查、環境廳（現・環境省）的西表山貓生態調查等。著作・監修有《貓的心理》、《貓的真心話》（ナツメ社）、《西表山貓百科》（Data house）等多數。

早田由貴子
1950年生於東京都。獸醫師。ELMS PET CLINIC院長。北里大學獸醫系畢業後，留學於加州大學戴維斯分校小動物外科研究所，在沙加緬度河濱市貓專門醫院研修。非常喜歡貓，也有進行波斯貓等的繁殖。目前為山崎學園專門學校日本動物學院講師、CFA日本支部公認審查員。監修有《和貓一起生活！小貓的選擇法・飼養法》（池田書店）。

【攝影】
福田豐文
1955年生於佐賀縣。為Photo-library U.F.P.攝影事務所代表。以動物攝影家的身分活動，目前主要活躍於狗狗和貓咪的攝影上。JPS會員。著書有《真實大小的動物園》（學習研究社）等。

【中文版審定】
江世明
學歷：台灣大學獸醫學碩士、台灣大學EMBA 96高階公共管理。
簡歷：台灣大學獸醫系系友文教基金會董事長、中華民國獸醫師公會全國聯合會理事長、亞洲獸醫師聯盟副會長、世界獸醫師會副會長、考選部獸醫師考試審議委員、行政院農業委員會動物保護委員、台灣大學附設動物醫院審議委員、台北市政府建設局動物保護顧問、台北市寶寶動物醫院院長、台北市獸醫師公會理事長。

【日文原著工作人員】
插圖 ● かわかみ味智子
攝影協力 ● 貓の手
封面・內文設計 ● 島村千代子
內文設計・DTP ● 株式會社 ADCLAIR
CTP製版 ● 株式會社公榮社
編輯 ● 株式會社 3 Season
　　　（富田園子、松本ひな子、伊藤佐知子）
撰文 ● 栗栖美樹、宮村美帆